自然との和解への道 上

クラウス・マイヤー＝アービッヒ
山内廣隆訳

みすず書房

WEGE ZUM FRIEDEN MIT DER NATUR

Praktische Naturphilosophie für die Umweltpolitik

by

Klaus Michael Meyer-Abich

First published by Carl Hanser Verlag, 1984

Japanese translation rights arranged with
Carl Hanser Verlag through
The Sakai Agency, Tokyo

日本語版への序文

この著作の根本思想は、ひとつの命題、「人間の外にある自然は、われわれの自然的共世界（Mitwelt）である」に要約できる。「共世界」という表現は、ドイツ語ではゲーテに由来する。ゲーテはこの「共世界」という表現で、人間だけが「共〔同じ〕人間」（Mitmenschen）としてわれわれの共世界でありうると考えていたのではなかった。しかし、二〇世紀になって日常言語的にも哲学的にも（レーヴィット、ハイデガー）、共世界を人間だけの世界に狭めることになってしまった。他の言語においても、人間の外にある自然はわれわれのたんなる環境（Umwelt, environment）であるとみなされているように、人間以外の世界は経済学者たちが言うような一揃いの資源として、ただわれわれの回りにわれわれのために現存しているのである。こうした考え方こそまさしく人間中心主義的世界像の形態であるのだが、この立場こそが東西の工業国の自然危機を惹きおこしたのであった。人間だけがわれわれの共世界でありうるのではなく、他の生物そしていわゆる無機的自然ですらわれわれの共世界でありうるということを思い出させるために、私はゲーテの概念を使って世界を自然的共世界へ拡張したのである。私は以下でつぎの二つのことを説明したい。（1）人間の外にある自然を自然的共世界として承認することが、いかなる仕方で自然との和解への道を開示するのか。（2）また、こうした承認がいかなる仕方で、自然を政治的に知覚し取り上げるための寄与となりうるのか。

1　自然との和解への道

この著作では、人間中心主義的世界像と人間像に、自然中心主義的（physiozentrisch）世界像と人間像が対置される。ヨーロッパの人間はコペルニクス以後、つまり近代においてはじめて、人間中心主義に逃げこんだ。地球がひとつの星にすぎず、宇宙がもはや地球を中心に回らないとしても、いまやすべてが人間を中心に回っており、経済においてもそうなっている。それにたいして、自然中心主義的世界像においては、人間ではなく自然がすべてのものの中心点である。そこで私はふたたび以下のようなゲーテを支持する。「人間精神においても宇宙においてもまったく上下はない。すべてのものがある共通の中心点に即して同一の権利を要求する。この中心点はその秘密の現存在を、まさしくすべての部分の調和的関係をつうじてすべてのものへと開示するのである。」（LA I 9,

353）

「自然的共世界」という表現は、つぎのことを意味している。つまり、植物と動物、大地と海、川と湖、風と雲、空気と光は、もともとわれわれのためにあるのではなく、とりわけ世界のなかにわれわれとともにあり、すなわちそれらはわれわれとともにあり、われわれはそれらとともにある、ということを意味しているのである。われわれすべてはおたがいにひとつの全体、自然の共同体に所属している。われわれ人間と同様に、自然的共世界もこの全体の一部であるが、それはより大きな部分である。

人間中心主義的世界像の哲学的要となるのは、二〇世紀の人間学においてきわめて多様な仕方で強調された、人間のもつその「特権的地位」である。ところで、この思想はユダヤの律法にまでさかのぼる。それゆえ、人間中心主義的世界像と人間像はそこでは哲学的に主張されるとしても、それはたんに哲学的思想であるばかりでなく、同じく宗教的思想でもある。哲学的人間中心主義者はこの宗教的根源をたいていは隠そうと努める。

人間に特権的地位を与えるこの思想の宗教的根源は、つぎのような旧約聖書のテーゼである。すなわち、人間だけが創造者である神の像であり、それにたいして動物、植物、風土はそうではなく、それらはわれわれの支配に委ねられている、というテーゼである。ただし、人間中心主義的世界像と人間像はユダヤ思想の歪曲である。なぜなら、この思想はつぎのように考えられていたからである。すなわち、われわれは創造者にたいして人間の外の自然とのわれわれのつき合い方が正当であることを弁明しなければならないし、それゆえにわれわれは創造者にたいして自然にたいする責任があると考えられていたからである。多くの哲学者は、工業経済にこうした責任があることを思い出させようと提案することによって、人間中心主義的世界像と人間像を救おうと試みている。しかし、私は、ユダヤ教徒とキリスト教徒が二千五百年来このかた自然の支配に失敗したあとでもなお、われわれが人間の特権的地位を維持すべきであるなどとはまったく考えない。

自然中心主義的自然哲学も宗教的根拠をもっている。この根拠は部分的には旧約聖書にもあるが、とりわけキリスト教の教義のうちにある。ただし、自然全体のなかで人間がどのような位置を占めるかについてのキリスト教的人間像は統一的ではない。一方で、全宇宙（Kosmos）はイエス・キリストにおいて創られたという証明もある。それによれば、動物と植物、大地、水、空気と光はイエス・キリストにおいてわれわれの自然的共世界である。私のこの著作はキリスト教の「汎神論的」系列に結びついている。しかし、キリスト教においても、またとりわけキリスト教神学においても、人間が特権的地位をもっているという思想は、キリスト教を人間中心主義的に歪曲することによって定着したのであった。

仏教と同様に日本の伝統的神道にとっても、人間の外にある自然はわれわれの共世界であるという思想は、キリスト教よりも親しみがある。だが、仏教にも人間中心主義的世界像はある。さらに、こうした人間中心主義的立場は、西洋の文化、学問、技術がアジアの文化のなかに踏みこんでくることによってますます強化されるのである。

「自然との和解への道」は、自然中心主義的理解に立てば、まず全体の他の部分であるわれわれの自然的共世界との和解への道である。動物や花、木や石との和解は、人間間の和解と同じでないことは自明のことである。たとえばここでは「人間と自然との和解においては」、いかなる契約も結ばれないし、いかなる相互的な権利や義務も存在しない。しかし、いかなる和解においても以下のことは共通している。すなわち、和解においては、各人は他人をその特殊な本性（Natur）にしたがって生かすこと、すなわち他者を全体の特殊で個別的な風貌として承認すること、このことはいかなる和解においても共通のことであり、人間自身も自分がそのような存在として承認されることを願っているのである。ニコラウス・クザーヌスは、「全自然はこの被造物として各被造物のうちにある」と語った。このことを他者にたいしても自分自身にたいしても承認する人は、いまや自然全体との和解のなかで生きている。園芸などは成功例であると思うが、園芸においては、人間は自然的共世界を助けて、全体のなかでその自然がもっている特殊な本性を、それが自分で現実化できるよりもよりよく現実化することができるのである。

2　環境政策のための実践的自然哲学

「実践的自然哲学」という表現は、ここで新しく導入された。従来の自然哲学においては、まだ自然における人間の行為を主題にする必要がなかった。だがこのことはまったく変わってしまった。すなわち、われわれが工業社会のもたらす自然危機に陥ってからは、自然哲学においても自然における人間の行為が考えられなければならなくなったのである。だが、こうした哲学的思惟はいかなる仕方で、政治（政策）のための意義をもちうるのか、あるいは獲得しうるのか。

われわれはプラトンからつぎのことを学ぶことができる（本書四九–五〇頁参照）。すなわち、権力者がその活動において真理を問うことがないかぎり、また真理への問いに習熟している人びとがこうした問いを政治的諸決定の条件のもとに加えるように努めないかぎり、政治がもたらす悲惨は終わることがないであろうということを。プラトンのこのテーゼは、政治家が哲学にかかわることをうながしているばかりではなく、哲学者が政治にかかわることもうながしているのである。プラトン自身はこのことを行なったと言えよう。というのも、彼の哲学的な全著作は、精神的にはソフィストたちによって崩壊し、結局それによってペロポネソス戦争に敗れた母国アテナイに、もう一度精神的支柱を与えることをめざしたからである。［だが］プラトンは、ソクラテスの殺害後、アテナイで生じた無節操にたいして、アカデモスの小さな森のなかにひきこもったのである。［しかし］日本やドイツのような民主主義国家においては、哲学者たちはプラトンのうながしにしたがおうとしてその国家を見捨てる必要などない。

本書で報告しているように、私自身はまずとくに私の研究をつうじて政府に助言するために、そして議会の委員会の一員として、政治的な決定を行なう身になって考えた。この著作の出版ののち、私は数年間大臣としてみずから決定を下さなければならなかった。私はそれに続いてふたたびさまざまな議会の委員会に属した。こうした活動を回想してみると、私には二つの経験が最も重要であるように思われる。私は、私がそれらをいかなる仕方で経験したかをきわめて個人的に報告する。

(1) 政治的行政権がもっている決定に関する裁量の余地は、一般に考えられているよりは大きい。もちろん、大臣でさえ自己の主張を貫徹できないようなさまざまな圧力もある。だが、活動の余地がほんとうに狭くなるのは、ひとがある党派に所属し再選されたいと願うときである。なぜなら、こうした状況のもとではさまざまに配慮しなければならないし、――自分の党派から――できるだけ嫌われてはならないからである。私にとっては、そのような依存性はいかなる役割も演じなかった。というのも、私はある種の政治的演習（Praktikum）を行なおうとしたにすぎず、政治のうちに留まりつづけようとしたのではなかったから。

(2) 公共的意識の力は――たとえ二三年ごとに選ばれるとしても――個々の市民が普通考えるよりも大きいものである。政治的な活動は自由裁量の余地をもっているとしても、その余地はこの公共的意識のうちにその民主的で正当な限界をもっている。この点では以下の体験が私にとっては重大な意味をもつ体験となった。すなわち、私は以前十年にもわたって無駄に努力してきたのに、そのうち公共的意識が変わって、樹木の維持のための閣議決定が当然のこととなった。またそれどころか、この決定は公共的な環境政策的意識と合致したがゆえに、議論もなしに決定されたのであった。政治的諸決定はときとして意識のこうした発展に遅れをとるように、私には思われるのであるが、政治的諸決定は本来こうした意識に先だって行なわれるものではないということも、民主主義においては受け入れられなければならないのである。こうした体験から得られた私の個人的体験は、もちろん以下のことであった。すなわち、なんやかやと言いつつも、政治家がいずれは基本的には公共的意識にしたがうのであれば、私は——講演や著作や論文をつうじて——むしろ即座にこうした意識にしたがいたい。——これによって私は自然との和解のためにより多く働くことができるし、さらには大臣の職務以上にそのほうが自然との和解のための資格がある。

政治は政治家の問題にすぎないのではない。われわれの自然とのかかわりに関する公共性を政治的に意志形成していくためには、まさしく自然哲学的考察が不足しているという確信が、私には別の根拠からも形成された。すなわち、私の講演活動から、自然危機の総括としての「環境政治の三命題」のようなものが浮かんできた。それはつぎのとおりである。

①［自然破壊は］これが限界である。
②自然破壊ではなく何が起こらなければならないかは、（おおむね）よく知られている。
③よく知られているにもかかわらず、（本質的に）それ［自然との和解］は起こらない。

なぜそれ［自然との和解］が起こらないのかという問いが、私にとっては中心的な問いになった。こうして、私が私のために見いだした回答はつぎのとおりである。すなわち、われわれがそのなかで生き、かつそれによって生きている自然に、われわれ自身が所属しているということを、われわれがまだ理解していなかったから、それは起こらないのである。なぜなら、自然について語るときに、人間がほとんどの場合考えているのは、われわれがいない自然、それゆえ人間外自然、つまりわれわれの「環境」だけであるから。そしてさらに人間は、人間もしくはわれわれはそのように理解された自然よりもともとよりよいものであると考えている。だが、人類は二〇世紀の哲学的人間中心主義者によって人間が特権的地位を得ていることを確信させられているから、自分を自然よりよいものと考えるのではない。そうではなく、これらの哲学者にとって人間の特権的地位は、今日の工業社会にとってとまったく同様に、宗教的ですでに感情を拘束している先入観であった。

スピノザは、感情にたいして効果があるのは感情だけであると語った。それゆえこの著作でも、三角形の内角の和が百八十度であるのと同じように、自然中心主義的哲学が合理的に洞察されうるなどとは書かれなかった。自然中心主義は人間中心主義の対立者という仕方で存続するほかないのだから。工業社会の生活は人間中心主義にもとづいているから、人間中心主義的に思考するほうが、自然中心主義的に思考するよりも容易である。それゆえに、自然との和解がわれわれに求める「人間中心主義への」反論が、しばしば断念される。

しかし、実際には何が断念されるに値するであろうか。豊かさが断念されるべきだと、よく言われる。だがここでわれわれは以下のように問いなおす。たとえば、君たちは（大量飼育における）動物虐待という犠牲のうえで毎日約半ポンドの安い肉（これがドイツの平均消費量である）を食べていることを、断念しようとしないのか。あるいは、君たちは森林枯死という犠牲のうえで電気のために費用を支払うことを、断念しようとしないのか。こうしてわれわれは、そうしたことはもともと断念すべきものとは考えられていなかったという答えを得る。したがって、われわれが自然との和解のために何かを断念しなければならないということは、ひょっとして誤解ではなかったのか。いや誤解ではないが、断念は財にかかわるのではなく、毎日半ポンドの肉を食べ、多くの電気を消費することがよい生活であり、そのために働くことは価値があると考える生活構想にかかわるのである。

　このことは無理な要求ではあるが、本来的要求でもある。すなわち、ヨーロッパの工業経済的生活構想は間違っている。われわれは自然的共世界をそうした生活構想で痛めつけたのだから、そうした生活構想は断念されなければならないであろう。もちろん、実際の断念はそうするよりほかに道がないときにのみ起こるかもしれないが、私はかならずしもそうとは考えない。すなわち、われわれは間違った生活構想のもとでわれわれ自身を痛めつけているのである。

　われわれは自然との和解においていまよりも本質的によく生きることができると、私は考える。なぜなら、人間中心主義的世界像と人間像においては、世界がわれわれに提供しなければならないものだけが、つねに関心の対象となるからである。それにたいして、自然中心主義に立てば、われわれはまずわれわれが世界に何を提供しなければならないかを、すなわち世界のなかでなぜわれわれが善きものであるかを熟慮する。世界が、人間がいないときよりも人間とともにあるときにこそ真により美しく、またより善きものであるような仕方で、われわれは世界のうちに善きものをもたらすことができないであろうか。またわれわれが、われわれにだけ役に立つのではない善きものを世界のうちにもたらすであろうときに、むしろわれわれは生の喜びをもたないであろうか。自然全体のなかで人間の生がもつこうした意義が何でありうるかを語ることは、まったく難しいことではない。それは——一言で言えば——最も特別な自然史への人間的寄与としての文化（Kultur）である。われわれは、自然との非和解にあるときには、世界におびただしい破壊をもたらす。［しかし］自然との和解においては、人工の自然地域つまり洗練された都市や農業や芸術が存在するであろう。われわれが将来生きたいと思うような、自然の権利と生き生きした公共的議論の権利をもった政治的文化ですら、この自然との和解に所属しているのである。こうした生こそ、よりよき生であり、生きるに値する生ではないだろうか。

　人間中心主義的生活からの離反は、人間の生の意義が、自分自身と自分に最も近い共人間的なもののためだけにあるものではないことを、人間がみずから願うときにはじめて存在することになろう。今日では、人間が本来必要とする生の意義ではなく、それを追い払う経済的利益が優先するのであるが、利己心なんてものはまったく生の意義などもたないのである。工業経済においては、この利己心もまたそれに所属しているある種の合理性にしたがっているのだが、非理性的合理性も存在するのである。

　人間は、諸個人および諸個人の制限された生を超えて延び出ていく何ものかに所属することを欲する。自然哲学的人間学は、——ゲーテの言葉で言えば——自然がいかなる仕方でみずからわれわれとともに前へ駆り立てるのかを扱う。自然自身——われわれとともに（sich-mit uns）。われわれは世界のなかで何ものかのためによいのであり、各人は自分や自分に最も近い人のためにだけあるのではない。自然は自然がわれわれ人間においてもっているチャンスを摑むかそれとも摑みそこなうかが問題なのであるが、それはわれわれ人間にかかっているのである。この著作およびこれに続く著作（マイヤー＝アービッヒ『実践的自然哲学――忘れられた夢の記憶』、Meyer-Abich, Praktische Naturphilosophie — Erinnerung an einen vergessenen Traum, München, C. H. Beck, 1997, S. 520）は、われわれ人間において生成した自然がいかなる仕方で、みずからわれわれとともに前へ駆り立てうるのかを示そうと努めるものである。

ハンブルク－ブランケネーゼ、二〇〇四年夏

クラウス・ミヒャエル・マイヤー＝アービッヒ

母、ジーベル・ヨハンナ・マイヤー＝アービッヒ（ベルクハウス生まれ、1895-1981）に感謝して

自然との和解への道　上◇目次

日本語版への序文　I

1章　序論（導入と見とおし）　23
1・1　物理学、哲学、政治における三つの希望の光——個人的体験　28
1・2　環境と共世界、工業社会の思いあがり——I部への見とおし　37
1・3　八人と八世界——II部への見とおし　42
1・4　政治哲学と真理に方向づけられた政治——III部への見とおし　49

I部　あたかも世界の中心がわれわれにおいて回っているかのように

2章　成長の限界に直面した従来の環境政策批判　56
2・1　マルサスからメドウズへ——先延ばしされた成長の限界　57
2・2　ドイツ連邦共和国における小さな環境政策の失敗　63
2・3　将来の安全は多数決で可能か　71
2・4　環境のようには固有の価値をもたない環境政策　78

2・5 環境政策における新しい価値 84
3章 自然保護、天然資源そして自然災害——法における自然の理解 91
3・1 基本法における自然 92
3・2 人間中心主義的環境法 95
3・3 環境立法における進化の兆し 99
3・4 基本法には生態学的均衡はなく、経済的均衡だけがある 107
3・5 浄化された人間中心主義とは 114
4章 自由と必然——人間中心主義的世界像の哲学的批判 121
4・1 カント——人間は人間にたいしてだけ義務を負っているか 123
4・2 経済——資源としての人間 132
4・3 精神科学的解決——精神の騎士たち 139
4・4 自然科学——物理学者なき物理学 147
4・5 自由の規定のもとで自然を思惟する 153

II部　自然との和解の条件

5章　自然の全体のなかの人間　162
5・1　自然史における人間　165
5・2　実践的自然哲学——人間において自然は言語化される　169
5・3　共世界の人類への期待　177
5・4　間違った区別——人間社会は閉じられた社会であるか　182
5・5　正しい生存競争　186
5・6　唯物論者の間違った自然観念　192
6章　物である自然と自然である物　199
6・1　手つかずの自然だけが自然か　202
6・2　自然法則にしたがうものはすべて自然であるのか　207
6・3　資源としての自然　211

みすず　新刊案内

2005.6

いのちをもてなす

環境と医療の現場から

大井玄

「現在世界は歴史的意味で医療の混乱期にあり、再編成の時期であるように見えます。」

内科医として、保健衛生学徒として、国立環境研究所所長として、長年「いのち」をみつめつづけてきた著者が、人間と環境の生命をトータルにはぐくみ、もてなすための道程を綴る、エッセイ集。西洋医学のすき間を埋める今日的な統合医療のあり方、認知症（痴呆）老人の不安とケア、人生の終末期に向かう人びとにとっての生きがい、そして地球温暖化問題に現れている、地球という閉鎖系の環境世界へ――。

「私たちの体にはビッグバンのときにできた水素原子が入っている。つまり私たちの体は優に一五〇億年の歴史を体現していることになり、私たちは「星の子」なのです。」

私たち一人一人の「いのち」から、私たちを生かしている環境の「いのち」まで、自己と生命とのつながりを受けとめ、こころすこやかに生きるヒントがぎっしり詰まった一冊。

四六判　[illegible]

心理

荒川洋治

『渡世』（高見順賞）から八年、前作『空中の茱萸』（読売文学賞）から六年、新たな詩集が出るたびに、赫々たる評価と熱心な読者を得ながら、前人未踏の領域に入ってゆく荒川洋治。いちばん気になる現代詩作家、待望の最新詩集である。そのあとがきにいう。

「心理は、ときどきの人の心からは、遠いものかもしれない。また、まわりにあるものをうけとめながらも、うけいれない。そんな一瞬あるいは長引くものを、人はかかえることがある。題を『心理』とした。」

若き丸山眞男が登場する標題作ほか、「浅間が見えると／ぼくらの思い出がはじまる」という書き出しが鮮烈に転調する傑作「軽井沢」、「彼女の堀辰雄生まれ、東京育ちの豊かな胸のところを／こちらの　何も考えない指先が／つついてしまうのだ」というリズムが心地よい「美しい村」など、書き下ろし二編を含む一四編。「詩や社会について考えられた、一種の思想詩集」（小池昌代）だ。

四六判　一二四頁　一八九〇円（税込）

郵便はがき

料金受取人払

本郷局承認

3148

差出有効期間
平成19年3月
15日まで

113-8790

505

東京都文京区
本郷5丁目32番21号

みすず書房営業部 行

通信欄

(ご意見・ご感想などお寄せください。ホームページでご紹介させていただく場合があります。あらかじめご了承ください。)

読者カード

・このカードを返送された方には，新刊を案内した「出版ダイジェスト」(年4回 3月・6月・9月・12月刊）を郵送させていただきます．

お求めいただいた書籍タイトル

ご購入書店は

・このカードを当社刊行書のご注文にご利用下さい．
・近くに書店のない場合には直送もいたします．代金は宅配時に引き替えとなります．送料は注文冊数に関係なく 380 円です．

(ふりがな) お 名 前　　　　　様	〒
ご住所　　都・道・府・県　　市・区・郡	
電話　　－(　　　)－　　★連絡のため忘れず記載して下さい。	

書店様へお願い　上記のお客様のご注文によるものです。着荷次第お客様宛にご連絡下さいますようお願いします。

みすず書房購入申込書 (書店・直送)

書 名　　定価　　部数

書 名　　定価　　部数

ご指定書店名	取次
地　名	＊ここは小社で記入します

6月10日刊行開始！

理想の教室

女たちの絆

ドゥルシラ・コーネル
岡野八代・牟田和恵訳

回復の見込みを絶たれ、尊厳死を選んだ母。逝く日、母は娘である著者に、その尊厳の証人となるべく本書を執筆するよう約束させた。女らしさの制限に縛られ、「イマジナリーな領域」をもちえなかった母の尊厳を尊重し、その証人となることではじめて、著者は母の死を悼むことができる。それは、母の世代の女性が尊厳を主張するのをあれほど困難にしていた障害の重みを感じ、母系の連鎖の中にある自分を認識することでもある。

デリダの脱構築を背景に、ラカンの精神分析理論、スピヴァクの歴史への取り組み、カントの『判断力批判』などを縦横無尽に論じつつ、そこに貫かれているのは、亡き母の尊厳を尊重するというコーネル個人の道徳的実践への意思である。この理論に裏付けられた真摯さは、いわゆる「フェミニズム」に抵抗を感じてきた読者をも惹きつけるだろう。ジェンダー概念を超え、理想自我としてのフェミニズムを掲げる、D・コーネル渾身の一冊。

四六判　三六九頁　三六七五円(税込)

進駐軍クラブから歌謡曲へ

戦後日本ポピュラー音楽の黎明期

東谷護

アメリカ占領下の戦後日本では、多くの土地建物が接収され、米軍基地、キャンプ、米軍人のための居住地に早変わりした。これらの場所はオフリミットと呼ばれ、特別に許可された者以外は立ち入りが禁じられる。

クラブに出入りしたバンドマンには原信夫、穐吉敏子、宮間利之、小野満、ジョージ川口、渡辺貞夫らがいた。演奏されたのは、ジャズ、カントリー&ウエスタン、ハワイアンなど。歌手では雪村いづみ、江利チエミ、ペギー葉山、松尾和子…。仲介業として関わった者には渡辺美佐・晋夫妻もいた。そんな人びとを育てた場がほかならぬ進駐軍クラブであった。

その後、発展を遂げる日本ポピュラー音楽であるが、そのスタイルの原型は、こうしたクラブで生まれた。ここに多くの可能性と創造の芽があったのだ。本書を読めば音楽史観が変わりルーツをたどる耳で音楽を聴いてみたくなるだろう。音楽愛好家、戦後史に関心のある人びとにとって貴重な一冊である。

四六判　二二四頁　二九四〇円(税込)

最近の刊行書

――2005年6月――

〈エコロジーの思想〉クラウス・マイヤー＝アービッヒ　山内廣隆訳
自然との和解への道 上　2940円

川口喬一
昭和初年の『ユリシーズ』　3780円

神谷美恵子コレクション（第5回）中井久夫解説
本、そして人　2100円

《理想の教室》 創刊　―第1回5点同時刊行 6/10刊―
『悪霊』神になりたかった男　亀山郁夫
『ロミオとジュリエット』恋におちる演劇術　河合祥一郎
ヒッチコック『裏窓』ミステリの映画学　加藤幹郎
ポップミュージックで社会科　細見和之
『パンセ』数学的思考　吉永良正　各1365円

＊＊＊

―〈書物復権〉復刊・6/8刊―

ビヒモス	F. ノイマン	8400円
シーニュ 全2巻	M. メルロー＝ポンティ	①5985円②6825円
弁証法の冒険	M. メルロ＝ポンティ	6615円
夢	M. ボス	7035円
ドイツ人	ゴードン・A. クレイグ	7035円
神と自然	リンドバーグ／ナンバーズ編	9450円

＊＊＊

月刊 みすず 2005／6月号

サイードとともに読む『異邦人』・水林 章／モンテーニュを考える・吉田禎吾／新連載：路地奇譚・松山 巖　315円

みすず書房
東京都文京区本郷 5-32-21
TEL.03-3814-0131（営業部）
FAX03-3818-6435
http://www.msz.co.jp

※表示価格はすべて税込価格（消費税5％）です.

6・4　自然に適った経済秩序を求めて　217
6・5　規範的自然理解における自然的なるものと非自然的なるもの　222
6・6　芸術作品ですら自然的でありうる　226

7章　自然との和解——その前提、条件そして地平　234
7・1　自然との和解のコンセプト　235
7・2　新しい夢そして陸と海を越えて突き進むこと　244
7・3　現存するものの維持か——自然との停戦の条件　251
7・4　法と経済における自然との和解の比較的長期にわたる条件　259
7・5　新しい意識の条件　265
7・6　自然の歴史　272

訳者あとがき　281
参考文献目録　i

自然との和解への道　下◇目次

（II部　自然との和解の条件――続き）
8章　市民的法治国家から自然の法共同体へ

III部　自然の非暴力的理解への道で
9章　権力の第三段階で――科学と技術の政治的射程
10章　学問の自由の正しい使用について
11章　自然的共世界の理解――感性的教養とより自然的な技術のチャンス
12章　自然との和解の政治的チャンス

訳者あとがき

文献目録
人名索引

【凡例】

一、本書はクラウス・ミヒャエル・マイヤー＝アービッヒの『自然との和解への道——環境政策のための実践的自然哲学』（Wege zum Frieden mit der Natur, Praktische Naturphilosophie für die Umweltpolitik, Hanser, 1984）の邦訳である。原典は大部であるので、邦訳では上下二巻に分け、上巻では7章までを訳出した。

一、原典にはまったく註が付いていないが、必要と思われる箇所に訳者が〔 〕を付して読者の理解を助けるようにした。したがって、訳文中の〔 〕はすべて訳者によるものである。

一、訳文中〔 〕以外の括弧、すなわち（ ）《 》〈 〉などはすべて原文にしたがった。なお、原文でイタリック体になっている箇所には傍点を付した。

一、数は少ないが、必要と思われるところでは「 」を挿入して便宜をはかった。

一、文献目録は原典と同じように一括して巻末に置いた。本文ではきわめて多様な文献から引用されているが、引用されたものについては巻末の文献目録を参考にされたい。

1章　序論（導入と見とおし）

自然との和解が政治の主題になった。このことが私を奮い立たせたし、他の人びとも私と同様にこの問題によって奮い立たせられているのを見かける。われわれはこの自然との和解からはまだなお遠いところにいるのだが、それでも自然との和解が政治的目標として一般に認められるならば、そこに和解を期待しうる根拠がある。それにしても、先進工業国の政治はずっと長期にわたって生活問題に振りまわされてきた。

自然との和解への政治的胎動が拡がってはきているが、この和解が見いだされうるようになるためには、この問題がまだもっと共通の事柄とならなければならない。そのためには、伝統的な政治に制約され、それゆえに和解への希望をおそらくとうに断念している人びとが、あきらめから脱出し、より包括的な新しい政治に肩入れすることが必要であろう。そうした方向へと歩み出る覚悟が重要である。私はこのような方向への覚悟や準備を、一九八二／三年のドイツ連邦議会の選挙戦のなかで経験することができた。

しかしながら、自然との和解のもとに何が理解されるべきであるかが、より厳密に語られなければならない。さもなければ、この和解は綱領的なものにとどまり、結局は古い政治に新しさという美しい見かけを取りつけるだけの危険に陥る。自然との和解を具体化するためには、全領域にわたる思惟の変更が必要である。この共同の努力目標に寄与することこそ本書の目的である。自然的な共世界（Mitwelt）との関係において和解を求め、すでに希望を失った人びとにふたたび未来への確信を与える人びとを、私は元気づけたいのである。

自然との和解への道はいたるところに見いだされなければならない。［すなわち］

――生産者も商売人も消費者も国家ももはや生活条件を犠牲にして運営されないような経済、財政政策のなかに。

――労働が必要とされるところに仕事場が生まれ、人間がその生活費を生活上の基礎を犠牲にしてのみ手に入れうる仕事場が取り替えられるような雇用政策のなかに。

――農業や林業が耕地ばかりでなく、動物的共世界と植物的共世界をも手入れし保存しうるような農業政策のなかに。

――景観がその同一性を保ち、街の人にも村の人にも、また自然的な共世界にもその居場所を与えるような地域開発計画のなかに。

――ほとんどの人が動きまわる必要がなく、交通が必要だとしてもできるだけ自然に負担をかけないような交通政策のなかに。

――自然との和解のために何が知っておかなければならない価値であるかをわれわれが経験し、自然的な共世界にたいする人間の関係を（人間にたいする自然の関係も）より平和的な技術のうちにわれわれが見いだすような科学、技術政策のなかに。

――人間と同様に、景観や植物や動物をもいきいきと知覚し配慮しうるような文教政策のなかに。

――人間の健康と自然的な共世界の健康がひとつのものとして取り上げられるような保健政策のなかに。

――先進工業社会が犯したあやまちが将来第三世界のあやまちにもなることにもはや寄与することがないような開発政策のなかに。

――国際的な平和と自然との和解とが共通の事柄となるような外交政策のなかに。

――社会の秩序が自然の秩序と一致するような法政策のなかに。

こうした転換こそわれわれの政治がほんとうに必要とすることなのである。自然との和解への道は、多面的な自然を包括する普遍的な構想が存在するときにのみ、以上の全領域のうちに見いだされうるのである。私はこの著作において私が想像している自然との和解の構想を詳細に述べるつもりである。

七〇年代にはもうすでに環境政策の台頭が見られたわけであるが、今日ではわれわれの自然的共世界にたいする関係について基本的かつ体系的に熟考することが、ますます重要になっている。この七〇年代の台頭は、私の見るところ、私が以下の章でより詳細に根拠づけたように失敗したと言える。というのも、そのころはよい傾向とはいっても症状にたいする治療という範囲を超え出ることはなかったのであって、十分に重みをもった構想は見いだされていなかったからである。環境政策はある部局の活動だけであってはならず、政治全体に新しい様式を与えなければならないのである。

公開的な議論においても、森林の枯れ死、種の死滅、土壌汚染のような環境破壊が全体的な視点から政治的に評価されることはあまりなかった。森林の枯れ死、増殖炉、危険な仕事場、有毒産業廃棄物等々の個別的なことだけが問題なのではなくて、同時にさまざまな問題の連関が重要なのである。たしかに自然との不和は多くの顔をもってはいるが、いたるところに同一の不和が存在するのである。

現代を支配している産業経済的合理性の守護者たちは、ときどき自分たちこそが実践理性をもっているという印象を呼びおこそうと努める。だが、これは正しくない。逆である。政治と経済、さらには科学と技術も、分別を欠いた非理性的なものになってしまった。多くの人間がこのことをしっかりと感じてはいるのだが、その論拠が詳細に考えぬかれたことはない。ただ私もこの感情をみなと共有している。本書はこの感情の論拠の解明のために捧げられている。

それゆえ、本書の目標は自然との和解の政治を全体的に構想し、かつ理性的に基礎づけることである。

自然との和解をもたらしそれを保持することができるのは、われわれ自身がその一部分である自然との、人間の真のあり方を実践する政治〔政策〕だけである。しかし、一般的には政治が真理とかかわることは難しい。もっとも政治では真理が問題なのではなく、多数者が問題なのだが。いずれにせよ今日のような根源的危機の時代には、政治がどのようなものであろうとそれが政治であるかぎり、政治家にとって真理とかかわるのはきわめて難しいものとなろう。

他方、真理を問う人びとにたいしては、彼らは自分たちが生きる規範とするものを他人に命じようとしているという非難が、つねに用意されている。実際に、真理を独り占めしているかのようにふるまう哲学者がいるのである。しかし、そのような非難によって真理への導きさえ寄せつけようとしない政治家もいる。自然との和解を欲する人は、真理への問いを避けてはならない。

逆に、真理を問う人びとは政治とかかわることがしばしば難しくなる。なるほど哲学には昔から、公共的事柄にもかかわる伝統がある。また第二次大戦後に種々の個別科学は、政治的な科学信仰が過度に強くなることすら体験した。だがそういうことがあったとしても今日しばしば哲学者に欠けているのは、個別科学への偏見のない関係である。哲学者はこの間政治的には面目を失ったのである。私は10章でこの問題により詳しく入っていくであろう。

私は個別科学の諸成果を哲学者として結びつけることができた。私はこうした仕事によって政治過程に参加することができたのである。私がそこで学んだことが、本書の経験的基礎をなしている。こうした個人的背景をあきらかにするために、私は私がいかなる道を歩んできたのか、また私はいままで哲学と政治のあいだをいかなる仕方で処理してきたのかをあらかじめ描写しておこう（1・1）。

この描写のあとに続くのは、本書の三つの主要部分への導入のための見とおし（Vorblick）である。私はそれを、全世界を人間の環境以外のなにものでもないと考える人間中心主義的世界像にたいする原則的批判でもって始める（1・2）。そのような人間中心主義的世界像にたいする対案は、われわれの環境にすぎないのではない自然的共世界をそれ自身のために顧慮することである（1・3）。そのためには、真理をめざすように方向づけられた政治学（wahrheitsorientierte Politik）と、新たな仕方で政治学的に方向づけられた学問を必要とする（1・4）。

1・1　物理学、哲学、政治における三つの希望の光——個人的経験

私と同様に自然哲学者であったアドルフ・マイヤー＝アービッヒの助言によれば、［哲学より］先により確実ななにものかを学ばずして哲学者になってはならなかった。そうしなければ、哲学は天空（Himmel）のうちにいとも簡単に消失してしまい、地上（Erde）にはもはや存在しないことになってしまうからである。私の父はひとかどの生物学者であった。私は物理学者になり、それと並んで少し法律を研究した。私はのちになってただ副業的に物理学の仕事をしたのだが、それでもその

仕事なしには私は私の哲学のテーマを見いだせなかったであろうし、学術的な政治学的議論になにがしか役に立ち寄与しうるという確信も見いだせなかったであろう。その利点とは以下のことである。すなわち、ひとたび物理学、とりわけ理論物理を学んだ人は、最も進んだ学問を知り、それによって何が専門の学問を成就でき、何が成就できないかの尺度を手に入れる。それ以外にも、物理学的思索は他の多くの学問に影響を与えた。その結果物理学を学んだ人は、自然科学と技術科学の範囲では少なくともそれを理解するうえでのいかなる問題ももっていない。

しかし物理学は、核分裂の発見とそれにつづく核爆弾の発達によって、その政治的純潔を失った最初の学問でもあった。最初に核爆弾が投下されたのは、私が五〇年代にわが家のあるハンブルクで物理学を勉強することになるそのちょうど十年前であった。物理学は、古い国立物理学研究所五階にあった講義室［の高み］から、それと並んで置かれた研究刑務所の中庭へ落ち、見下される［衆目の監視下に置かれる］ことになった。当時私はつぎのことを自問した。どのくらいのあいだ人間は科学の進歩を我慢しうるであろうか、またわれわれの仲間の物理学者がいつこの中庭の内へと引っぱり込まれるあろうか、と。

私の物理学研究の中ごろに、カール・フリードリッヒ・フォン・ヴァイツゼッカーがハンブルクの哲学講座に任用された。彼の初期の諸著作は学生時代以来私にとって、私がいつかみずから進んで何をなしうるであろうかを考えるさいのお手本であった。だが私がまず彼と最初に出会ったのは、私が当時行きついた新たな生活領域である政治においてであった。それは一九五八年の夏であった。

そのとき、連邦国防軍の核武装化が、公共の場でも学生のなかでも、一九八三年の新たなロケット配備のときと同様に熱くかつ対立的に議論された。

政治に関与することは、私にとって比較的自明なことであった。東フリースラント諸島にいた私の祖父ヤン・ベルクハウスは、社民の政治家であったし、私の両親とて非政治的な教授然とした所帯などけっして営まなかった。第三帝国［ナチスドイツ］は家族内に職業の禁止やゆゆしいことをもたらした。戦後の新しい国家に馴染みながら、私は自由主義に夢中になった。社民的な党が存在したのなら、わたしはそれに喜んで参加したであろう。

私は大学生の自己管理のための役職についた。われわれは全学生が置かれているアカデミックな状態のなかで、まさしく大学においても公共的議論を指導する政治的なポストが必要であることを見いだしたのである。なぜなら、われわれは学者の卵であるし、学者の活動なしにはいかなる核兵器もまったく存在しなかったであろうから。連邦国防軍の核武装に反対するヴァイツゼッカーの一九五七年四月十八日のゲッティンゲンでの提案を含んだ説明は、われわれにとっては、いかにして学者がその責任を負いうるかの見本であった。

ひとりの哲学者のプラトン的生涯プランは、三五歳くらいまで自然科学と理論哲学に従事し、つぎに五十歳まで優先的に公共的な事柄にかかわり、そしてこうした経験をたずさえて最後に哲学に帰ってくるというものである（Politeia 540ab）。ヴァイツゼッカーのもとでの私の修業期間中、私は私の哲学史的故郷をプラトン的な問答のなかに見いだした。こうして先に述べたプラトン的生涯プランにしたがって、私は公共的な事柄に引き込まれることとなった。これは、私が若いころに所属し、科学技術界の生存条件を研究していたシュタルンベルガーのマックスプランク研究所をつうじて起こった。

大学（Universität）を去ることは――私の考えによれば単科大学（Hochschule）もよくはないのだが――普通にはアカデミックなキャリアからの決別を意味している。シュタルンベルガーの研究所の仕事のなかで政治への接近が求められたというよりはむしろ、私がそれを正しいものとみなしたのであるが、その後私は私の考えを大学で、すなわちエッセンでの新たな基礎づけによって現実化しえた。このことはＡＵＧＥ（Arbeitsgruppe Umwelt, Gesellschaft, Energie、環境、社会、エネルギーの研究チーム）の活動をつうじて生じたのであるが、私はこの研究所を――いわばシュタルンベルガー研究所のひとり立ちとして、そしてそれを見本にして――エッセンに創設した。そのさい、二つの根本思想があった。

（1）社会的に緊急の問題は一般には、学問のように分割できるものではない。今日の問題はかなりの部分において科学と技術によってはじめて生まれた（たとえば、核兵器、環境破壊）としても、問題が解決されるとしたらやはり科学と技術こそがそのために使用されるだろう。しかしそのためには、学際的な統合が必要である。この点にこそ今日的な哲学の課題がある。なぜなら、現在その個別化がきわめて問題となっている多くの学科は圧倒的に哲学から生まれたからであり、したがって哲学は自分のうちにそれらの精神的連関をもっているからである。少なくとも哲学の二三の教授はこの課題を引き受けなければならなかったのであり、私も彼らのうちの一人であろうとした。

（2）哲学は古来より一方で実践哲学であり、他方で理論哲学である。実践哲学は行為の統一を問い、理論哲学は認識の統一を問う。自然哲学は、昔はおおむね理論哲学として営まれてきたが、状況は今日の自然科学の理論でも同じである。しかし環境危機のなかにあって、われわれはもはや自然哲学をそのような状況のままに放置しておくべきではないであろう。なぜなら、いまや自然のなかでの人間の行為が問題になっているからである。そうしたなかで私にはやはりシュタルンベルクで、実践的自然哲学（Praktische Philosophie der Natur）という構想が生じた。私が一九七二年以来エッセンで追跡してきたこうした問題提起のもとで、本書が捧げられている自然との和解が私の中心テーマになった。

研究の学際性は組織の問題でもある。この点に関しては今日の大学はほとんど例外なく間違って組織されている。なぜなら、その専門領域の原理が物理学者を物理学者と結びつけ、歴史家を歴史家と結びつけ、そして経済学者を経済学者と結びつけるのである。だが、幸運なことに、物理学者も歴史家も経済学者も、その他の自然科学者や社会科学者と同様に実践的自然哲学に参加し配分にあずかるべきことが、哲学的に根拠づけられうるのである。それゆえに、ＡＵＧＥのような時代にかなった研究所は、まさしく哲学のような伝統的学科において可能であった。

学際的協働の他の可能性が、ドイツ学者協会（ＶＤＷ）において実践される。この協会は一九五九年に先に述べたヴァイツゼッカーの宣言にならって設立され、のちに長く私がそこの委員長を務めた。この協会には領域を超えた研究グループがあり、学問的仕事をつうじて学者の政治的責任という政治的なテーマを正当に評価するように努めている。私はこうした学際的協働の形式をホフガイスマール福音アカデミーにおいても育成した。そこから自然との和解のための最初の著作が（一九七九年）出版された。

学際的協働においては、さまざまな学科間の意思疎通がうまくいかないということをよく耳にする。［しかしながら］私はこうした事態を見たことがなかった。その前提になるのはもちろん以下のことであろう。すなわち、どんな寄稿論文もそれが専門的質をもっているから有効であるのではなく、それがプロジェクトにしたがって形成された共通問題の解決に従事するときにはじめて有効なのである。AUGEは困難を抱えながらもエネルギーの領域で大きなプロジェクトをなしとげた。私はもともとシュタルンベルクで、エネルギー政策は産業社会がさらに発展するための鍵を握っている領域であるという認識に達していたが、この考えは石油危機によってさらに強化された。

われわれの最初の大きな研究は、技術の選択によってエネルギーを節約する経済政策の可能性を扱った。われわれがこの仕事を一九七八年に終えたとき、増殖炉の発展をつうじてのエネルギー政策は分岐点に達していた。連邦議会はそういう認識にもとづいて《将来の核エネルギー政策》のための審議会［（Enquete-Kommission）審議会は連邦議会法五六条で、包括的で重要な諸案件の複合について立法的な規定を準備する課題をもつ、と規定されている］を作った。国会議員のラインハルト・ユーバーホルストが委員長を引き受けた。私は七人の国会議員と並んで八人の専門家のうちの一人であった。審議会の仕事のためにまず私が貢献できたのは、エネルギー節約政策のためのＡＵＧＥの諸推薦政策によってであった。それらの政策は研究報告（一九八〇年）の対策一覧表のなかに組み込まれた。それだけでなく一九七六年に私は、技術発展の政治的社会的評価のために社会調和性（Sozialverträglichkeit）の基準を提案した。この構想は節約の研究に関して、ＡＵＧＥの仕事がさらに重要になることをうながしたが、それと同時にこの仕事は審議会のなかで共感を得た。

審議会も国会の委員会と同様に仕事をし、連邦議会にさまざまな勧告を与える。すべての構成員が投票権をもっているのだが、その場合専門家は政治的決定の制約を受け入れなければならないし、国会議員はといえば科学的論証の独立性を受け入れなければならないのである。このことがユーバーホルスト審議会では非常にうまくいった。すなわち、その審議会は——わずか一年間のきわめて集中的な仕事のあとで——最後にはこの審議会が当初考えていたものとはまったく別様の採決を行なったのである。この審議会の仕事は、私が真理に方向づけられた政策を支持するばかりでなく、その政策を可能なものともみなすとき、はっきりと眼前に浮かんでくる。

審議会の仕事は以下のことを示したのであった。すなわち、論証的ないし真理に方向づけられた政策スタイルは、もしそれが許されるなら、すべての人が受け入れ可能な解決を捜し求めるかわりにすべての参加者が自分の正しさを主張しつづけるような、そういう普通の政策スタイルにたいして、勝っているということを。私はユーバーホルストに由来するこの二つのスタイルの区別に、１章４で立ち戻る。

審議会の光をとおして私がまず経験したのは、政治はそれが一般的に私に現れてくるほど、原理的に見て悪いものではないということである。それゆえ、私には政治における悲惨がいつか終るかもしれないという希望がなくはない。それだけますます明確に、私は、審議会がエネルギー政策上推薦することが政治の犠牲になってしまうような、平均的な政策に同意しないのである。（私の意見によれば、審議会の推薦にしたがうことが最もよい道であろう。）

しかるに私は、この平均的な政策をいわゆる何か新しいものであるとは感じなかった。なぜなら、戦争防止と並ぶ最も重要な問題——たとえば生活基盤を危険にさらすこと——を取り上げることにおいて、私の考えによれば七十年代のあいだ、政府（より厳密に言えば与党）とその反対者は同程度に機能しなかったから。それにたいして、政治はそれがこれまであったように、あるいはもっと悪くならなければならなかったほどに、悪いものではないということを経験したことは新鮮であった。

一九八二／八三年の連邦議会選挙においてはじめて、二大政党のうちの一つである社会民主党が、自然との和解という私の構想をその政策綱領の中心に採用したことが、第二の光であった。私は首相候補者ハンス・ヨッヘン・フォーゲルの助言者として私の構想を提案する機会を得た。社会民主党は一九八三年一月にドルトムントでの党大会において、満場一致で自然との和解にたいする支持を表明した。そのための基盤は、党のエプラー・フリューゲルよって準備されていた。しかしこの政策は、それまでは多数の賛成者を見いだしてはいなかった。ドルトムントでの投票の結果もまたたしかに、まだまだ終局にいたることのない道程上のさらなる一歩にすぎなかった。（12章参照）

社会民主党でもこれまで少数者によって着手されていたにすぎない政策のために風穴を開けるシンボルとして、私は党の外にいながら社会民主主義的内閣に所属し、いくつかの選挙演説会で演説をした。それが私の政治参加に幾度となく勇気を与えたことが、本書のための重要な経験であった。私に勇気を与える源泉になったのは、自然との和解の政治［政策］が、ボンではこれまでずっと長いこと見逃されてきたという思いであった。

一九八二／八三年の連邦議会選挙のあとで、私は私が自然との和解をどのように考えているかを幅ひろい公衆にわかりやすく表現できるという感情をもった。しかしそれにもかかわらずこの本を上梓するまでになお一年を要した。その後すぐ私は、故郷ハンブルクの科学と研究のための大臣に選ばれた。

私が驚いたことに、自然的共世界にたいする人間の責任についての実践的自然哲学的警告は、環境政策上の個別的事柄よりも、あきらかに強い支持を得た。多くの人間が、政治的な日常を超え出ていくパースペクティブを、すでに長いこと政治のなかでは見失ってしまっているかのように見えたのだが、この支持こそが私に希望を与える第三の、そしてさしあたり最後の光であった。政治はいままでよりよくありうるばかりでなく、実際に多くの有権者が悪い政治に加担しなかったし、それどころかおそらくほとんどの人がそうであった。私が政治的、哲学的に主張した、そしていま本書のなかで要約的に述べてきたメッセージは、これらの人に向けられている。

1・2　環境と共世界、工業社会の思いあがり——I部への見とおし

いままでの政治にたいする私の批判の核心は、われわれがあたかも、人間が存在しないかのように、自然的共世界に対立的にかかわっているということである。なぜなら人間は、われわれが現在行なっているような仕方で自然にかかわってはならないからである。私はまず第一にこれから先の全論証の中心点をはっきりさせる。というのも、この中心点は本題にかかわるところの人間的諸前提に依存しているからである。われわれが自然のなかで、われわれにふさわしくない仕方で、すなわち非人間的にふるまうならば、環境破壊は言ってみれば、人間とは誰であるかの誤解にもとづく。このことはすでに「環境」(Umwelt) という概念において始まっている。われわれの環境はコスモスにおける人間の生活空間である。しかしわれわれは、世界はわれわれのためにそこにあるものにほかならないかのように、自然のなかでふるまうのである。すべての世界はわれわれの世界であり、われわれの意志は世界を産みだすと、工業社会は語る。そこでは全世界はまだたんに人間の環境であり、それ以外の仕方では存在しない。われわれは中心に立っており、他のすべてのものはわれわれの周りにあり、多かれ少なかれ人間がすぐ使用できるように準備されている。しかし私の考えによれば、これはまったく誤った自己判断であり、思いあがりであり、不遜である。

なぜなら、われわれ人間はすべての事物の尺度ではないのだから。人類は生命の樹における百万

もの類のうちの一つとして、動物や植物とともに、大地や水や空気や火とともに自然史から現れた。それらすべてや自然の諸要素はわれわれの周りの世界に所属し、またわれわれの環境にも所属している。しかしもともと、それらはわれわれの周りに（um）あるばかりでなく、われわれとともに（mit）あるのである。われわれ人間とともに自然によって世界の内に存在するいっさいのものが、われわれの自然的な共世界（Mitwelt）である。このことを強調するために、私はわれわれの環境についてではなく、共世界について語るのである。

しかし工業社会においては、自然的共世界が人間の環境へとうなりを立てながら統合される。——世界は各々の固有の価値をもたないかのようであり、また世界はわれわれにとって価値をもつかぎりでのみつねに価値を有するかのようである。自然史に関する人類の自己評価がいかに不適切で思いあがっているかを、一八七三年のフリードリヒ・ニーチェの寓話が物語っている。

無数の太陽系をなしてきらきらと振り撒かれている大宇宙の、どこか遠くかけはなれた片隅に、かつてひとつの天体が存在した。その天体の上で、怜悧な動物たちが認識を発明したのである。そのときこそ〈世界史〉の、最も欺瞞に満ちた一瞬であった。しかし、これもほんの一瞬のことにすぎない。自然はしばらく呼吸したあとで、その天体は硬直し、こうして怜悧な動物たちも死ななければならなかったのである。——誰かがこのように物語を創作しうるかもしれない。それにもかかわらず、自然の内部おける人間の知性が、いかに惨めで影のごとく不確かで、はかないものにみえるか、またいかに無目的で身勝手なものにみえるかを、十分に説明したことにならないであろう。人間の知性がそこに存在することがなかったさまざまな永遠が存在したのである。ふたたび人間の知性が過ぎ去ってしまえば、何もなかったかのようであろう。人間の知性にとっては、人間の生命を超え出ていくようなさらなる使命などないからである。そうではなく、人間の知性は人間的である。世界の軸があたかも人間の知性を中心にして回転しているかのごとくあまりにも厳かに人間の知性を受け取っているのは、まさにその知性の所有者と産出者だけである。（KSA I. 875）

私の考えによればなにゆえに人間の使命はやはり人間の生活を超えている自然の内にあるのかを、私は5章において基礎づけるであろう。しかしそれを除いても、ニーチェは私の考えによれば、われわれ人間が問うに値する、人間とは何であるかという問いの答えを、ここで与えているのである。その認識はあっというまに東洋から西洋へと進み、世界をめぐる。——こうしてわれわれは、全宇宙が人間の歴史のための舞台背景にすぎぬように、宇宙においてはいっさいがわれわれの周りを回っていると考える。だが今日ではつぎのことがあきらかになっている。すなわち、おごる平家は久しからずということ、そしてもし人類が死ななければならないとしたら、その決定的根拠は、〈あたかも世界の軸がわれわれを中心に回っているかのように〉考える不遜にあるであろうということ。

その認識を見いだした利口な動物は、その寓話のなかでは死ななければならなかった。というのは、その惑星は自然がわずかに呼吸したあとですぐに硬直したからである。当時凍死のおそれなど根拠のないものだったが、それでも近いうちにかならず死が訪れることに関しては、正しいことであると思われた。なぜなら、われわれはレジのないセルフサービスの店にいるように、自然のなかでふるまい、われわれの自然的共世界を浪費し、このようにしてわれわれの生活基盤を破壊するからである。

この生活基盤はまたわれわれ自身の生命の基盤であり、したがって共世界の破壊は間接的な自殺であるということを、われわれが環境問題の形態のなかに発見して以来、われわれはまだ救われうるものを救おうと試みてはいる。しかし、工業社会の環境政策はいまだに破壊力に反対するいかなる手がかりも見いだしていないし、それゆえに再三再四後手に回っている。

とりわけ、人間の横柄さは変わらない。なぜなら、環境破壊とまったく同様に環境保護も人間のためにだけ行なわれ、自然あるいはわれわれ自身が所属している全体のためには行なわれない。しかしながら、こうした自己中心性こそやはりまさしく危機のもともとの根拠なのである。なぜなら、この自己中心性とは盲目であることであるから。つまりわれわれはこの盲目であることによって共世界にたいする破壊をもたらしたのである。

世界の軸がまるでわれわれを中心に回っているかのように生きることは、普通人間中心主義的（anthropozentrisch）と名づけられる固有の世界像に対応している。国家的社会的秩序が人間の要求を満たすべきであるということが重要である場合には、人間——ギリシア語ではアントロポス——が中心にあるべきであるという要求は、正当なものとしてたびたび主張される要求である。だが、人間中心主義的考えが人類を越えて自然的共世界へと一般化されるなら、人間中心主義的世界像は、全世界がわれわれの環境にほかならないということを意味している。とするなら、このことはもはや人間の本質にふさわしくない。

伝統的様式をもつ産業経済は人間中心主義的世界像を前提にしている。そこでは人間の関心が、人間ではないすべてのものの実践的取り扱いの要となり、それゆえに人間がすべての事物の尺度となる。われわれはこの世界像の範囲のなかで、われわれとともにあるすべてのものをただわれわれからだけ見る。だからわれわれはすべてのものをわれわれからだけ見ることになるのである。したがって、そのことは共世界にとって有害であるし、ただ人類の損になるだけである。そこでは共世界はまだ人間の環境として現れるにすぎない。

しかるに私の考えによれば、人間中心主義的世界像は間違っている。われわれはこの世界像のなかでわれわれが位置づけられた場所に、本来は所属していないのである。もちろん、このことは科学的には証明されえないが、しかもそれは、科学自身がそのように人間中心主義的諸前提にもとづくからではない。とはいえ、私は本書の第一部で以下のことを提示する。すなわち、

——人間中心主義的世界像は政治的に間違っている。人間中心主義的に価値を設定している政治学は、いかにそれが必要であろうとも、自然的共世界を中心に回ることはけっしてないであろうか

ら（2章）。

——人間中心主義的世界像はなるほど法秩序においてはひろく受け入れられているが、それにもかかわらず全般的に現実化されているわけではなく超克不可能であるのではない（3章）。

——本来人間は自然に所属するものであるがゆえに、人間中心主義的世界像は哲学的に挫折する。こうして逆にこの自然所属性こそわれわれの世界像の基礎であることになる（4章）。この自然所属性は自然との和解において明白になるであろうが、本書の主要部分はこの和解をより詳細に規定することに捧げられている。

しかし最終的には、人間の共世界への関係はつねに最も広い意味における宗教的、あるいは実存論的方向づけに依存している。この方向づけこそすべての論証の前提となるものである。私は人間の共世界への関係を以下の章で、より多くのそのような方向づけを体系的に区別することをつうじてあきらかにするよう努める。

1・3　人と世界——Ⅱ部への見とおし

われわれの行為においてそれ自身［自然自身］のためにわれわれが配慮することと、世界とのあいだに限界を設けるあの別のもの［人間］のためにわれわれが配慮することとのあいだには、種々の可能性がある。このうちのひとつが「人間中心主義」（Anthropozentrik）である。その場合、その限界は人間と人間以外の世界とのあいだにある。しかしまた、まったく別の限界づけも可能である。

　われわれが世界をたんに人類とその環境へ分割するのではなく、したがってこの人間中心主義的世界像をもはや前提にするのでないなら、人間中心主義的世界像がいかに自明なものでないかがあきらかになる。私は本来、世界のなかでそれ自身のためにそれが考慮されうる八つのさまざまな限界づけの可能性があると見ている。この可能性のうちの八番目は、もはやそのような区別がそこでは形成されないボーダーラインである。この八つの限界づけには、八つの倫理形式が対応しているのであるが、それが表1に並べられている。人間中心主義的倫理はこの段階の第四ないし第五段階に相応している。第一の段階は普通「自己中心主義」（Egozentrik）と呼ばれ、第三段階は「愛国主義」（Chauvinismus）と呼ばれ、第六段階は仏教的段階であり、第七段階はアルベルト・シュヴァイツァーの段階であり、生にたいする畏敬の念あるいは〈被造物にたいして謙遜することへの自由〉（Th. Heuß 1951/1955, 197）である。第八番目の段階が私が以下で主張することになる段階である。

表1：倫理学における考慮の八形式

1．各人は自分自身だけを考慮する。
2．各人は自分自身のほかに、自分の家族、友達、知り合い、ならびにその直系の先祖を考慮する。
3．各人は自分自身、自分にとって親密な人、自分の同胞、ないしは過去を直接受け継ぐ人を含めて自分が属している民族を考慮する。

4. 各人は自分自身、自分にとって親密な人、自分の民族そしていま現在生きている全人類の世代を考慮する。

5. 各人は自分自身、自分にとって親密な人、自分の民族、いま生きている人類、すべての先祖そしてのちの世代の人びと、したがって人類全体を考慮する。

6. 各人は人類全体とすべての感情能力をもった生き物（個体と種）を考慮する。

7. 各人はすべての生き物（個体と種）を考慮する。

8. 各人はいっさいのものを考慮する。

ところでなぜ八つの可能性のうちの第四あるいは第五の段階が、正しい段階であるということになるのか。どうして第三あるいは第七段階は正しくないのか。そして、なぜわれわれは、たとえばすべての人びとがその活動において自分自身だけを考慮することになる第一段階のもとに、そもそもとどまらないのか。どのようにして私は、私の活動において私自身の関心ばかりでなく、私の同胞、おまけに今日生きている全人類ならびにひょっとして未来世代の人びとのことまで斟酌することにいたるのか。

ところで、自然的共世界へのわれわれの関係を評価するためにきわめて示唆的な驚くべき事実がある。すなわち、そのような問題［なぜ自分のことだけを考慮してはいけないのか］を問い、かつその問題において惑わされえない［自分のことだけを考慮する］人は、その人が行為するにさいして、なぜ（自己中心主義的な世界像においても人類が所属している）その環境を自分の関心からだけ考慮してはならないのかを、その人にたいして筋道を立てて論理的に根拠づけるような答えをけっして手にすることはないだろう。残りの世界——人類を含めて——がその人にとってだけ存在しているのではないということを、いかなる倫理学もその人に納得させることはできないのである。だがその理由は、自己中心主義的な世界像が真理であるということではなく、一度そのように立てられた問いには、自己中心主義から飛び出すようないかなる答えも、もはや与えられえないということなのである。

どうして人間の活動が自分の関心にしたがってだけ査定されるべきでないのかと問う人は、この問いの仕方のなかにある、個人である同胞が現れることのない人間像をすでに前提しているのである。しかるに、個人は社会的連関のなかにあり、それゆえ言葉や愛をもち、社会的存在一般としてのみ人間であるということが前提としてその個人的性格に所属していないような個人は、こうした社会的連関からはじめて生じるようないかなる考慮についても納得させられないであろう。

したがって自己中心的な個人主義をすでに前提にしている人は、他の人間がその人たち自身のために考慮されうるかどうかという問いには、やはり否定的に返答できるだけである。自己中心的な人は彼の個人的関心に一致しているかぎりにおいてのみ、その人の活動のなかで他の人間も考慮すべきであると考えることができる。［それにたいして］人間は自分と同じ人間のもとで、そしてそれとともにあることによってのみ人間自身でありうるのだということが、ずっとその人の自己認識となっている人は、その問いを上の形式ではまったく立てないか、あるいはその問いを自明なものとして肯定するかであろう。

自然的共世界にたいしてわれわれが活動する場合、自然的共世界自身のためにどの程度まで考慮されうるかは、実存論的な仮決定に依存している。またここでは——哲学におけるような——熟考は、立てられた問いに答えるさいにはじめて始まるのではなく、この問いそのものにおいて始まっているのである。他方、われわれを導くものとしてわれわれが認めている人間像が、自然的共世界にたいするわれわれの関係を考えるときには決定的に重要である。若きマルクスは自分自身からの疎外、同胞［人類］からの疎外、自然からの疎外を、正しくも右の人間像に対応させて確認したのであった。

私は本書の第二の中心的部分で以下のことを示す。

——われわれは自然的共世界自身を認めつつ、いかなる人間像が自然との和解にふさわしいのかをいかなる仕方で経験するのか（5章）。

——その場合自然のもとに理解されうるのは、原野でもないし、資源でもない（6章）。

——5章の人間像と6章の自然像にしたがって、自然との和解がいかなる仕方で考えられているのか、そしていかなる条件のもとで自然との和解は見いだされるであろうか（7章）。

——現行の法秩序のなかにある自然的共世界の固有の権利を正しいものと認めようとする兆しが、いかなる仕方でひとつの法共同体において自然にまで普遍化されうるであろうか（8章）。

このすべてはもちろん、われわれがわれわれ自身の自然所属性を、われわれの自己理解おいて原則的にぼやかしたり小さくしたりしないということを前提にしている。

本書のもつメッセージは以下のものである。すなわち、われわれはわれわれの自然的共世界と、つまり動物や植物と、土地、水、空気、そして火と自然史的に類似している。自然全体のなかで、それらはわれわれと同じものであり、われわれはそれらと同じものである。われわれは自然との和解において、自然的共世界をわれわれに役立つものとしてばかりでなく、その固有の価値において、すなわちそれ自身のゆえに尊敬しなければならない。現代の法治国家のレベルでこうした観点が表現を得るとすれば、われわれが自然の権利を認めるという点においてである。自然との和解もまた、経済や科学や技術が従属しなければならない政治的文化の問題なのである。

こうした理解のなかで自然との和解を探し求めようとすれば、今日的意識にはきわめて広範囲にわたる提案が関係してくる。それどころか多くの人がこの提案を不当な要求と感じるであろう。したがってこれにたいして、私はここで披露される思想がいかなる精神的背景で着想されたのかを理解してもらうために、ここで二三の個人的な注をつけ加える。この注によってこの提案へ接近することが、たぶん容易になるはずである。

基本はキリスト教社会に感謝している北ドイツのプロテスタンティズムの形式での宗教教育である。私の母は、田舎にいた彼女の先祖がもつあらがいがたい力でもってキリスト教を、人類だけがかかわっているのではない宇宙的な出来事として体験した。私が子供のころ、母は彼女の故郷フリースラント諸島で中世のあいだ、人間の歴史がいかなる仕方でこうした宇宙的出来事の過程として把握されていたかを、二つの大きな物語で語った。

私は哲学的にも〔近現代の〕支配的自然理解とは逆の伝統のなかで生まれ育った。私の父は自然哲学的ホーリズム（Holismus）の創始者の一人であった。したがって私は、生命現象は生命の全体からのみ理解されうるのであり、自然は機械論的なものではないという空気のなかで育った。環境危機が起こるまでは、こうした立場はほとんど望むものもない少数者の位置にいた。だがこの間に、ホーリズムは自分の道を進んでひろがり、もはやその創始者たちのことが思い出されることなどないのが通例である。

結局、自然に関して以下のようにわれわれ自身が自然に所属しているのだと語られる場合には、私は思想的にはデンマーク人の物理学者であり哲学者であるニールス・ボーアのもとにいる。私は私の最初の著作である博士論文を、ボーアの相補性の哲学（Komplementaritätsphilosophie）について書いた（一九六五年）。ボーアの量子論解釈は、われわれ自身はわれわれがそれを認識する自然に所属するという自覚にもとづいている。私はもともとその解釈に以下のことをつけ加えたにすぎない。すなわち、われわれはわれわれ自身がその一部である自然を変えることもできるし、そして環境危機においてはこのことが実践的自然哲学の出発点でありうるということをつけ加えたにすぎない。

アルベルト・シュヴァイツァーは正しくもつぎのように語った。人間の被造物への関係に取り組んでいる倫理学は、〈いつ終わるともない自然哲学との対決の冒険に身を投じる。〉（II. 365）私は環境危機のなかで、この冒険をあえて試みないことは政治的かつ哲学的に無責任であると考えた。したがってもう一度この導入の最後に哲学と政治の関係に戻ってこれを論じる。

1・4　政治哲学と真理に方向づけられた政治——Ⅲ部への見とおし

今日哲学者といえば、とりわけドイツやアメリカでは概して学者や教授を思い浮かべる。だが学者ぶることや役人気質は、哲学者が伝統的につねに自分の義務と感じてきた課題、すなわち公共的事柄のためにみずから関与することが、おろそかにされることに寄与することになろう。だが、これはそうであってはならないのである。私にとって公共的事柄への関与のための模範的例を、今日のドイツにあっては、カール・フリードリッヒ・フォン・ヴァイツゼッカーとゲオルグ・ピヒトが与えている。

両人ともその生涯にわたってただアカデミックに哲学したばかりでなく、真にアカデミックに、すなわちプラトンの意味で哲学した。アテナイの小さな森アカデモスにあったプラトンのアカデミーにちなんで、今日ではすべての大学教育をうけた人がそう呼ばれるが、それは多かれ少なかれ正当であるとも言えようが、むしろほとんどの場合当たっていない。有名な哲人王についての命題は、プラトンに由来する。私はまずこの命題をシュライエルマッヒャーの文字どおりの翻訳において引用する。

もし、哲学者が国家において王になるか、あるいはいまそのように名づけられた王や権力者が真にかつ根本的に哲学するか、またそれゆえこの国家権力と哲学の両者がひとつにならないならば、（中略）国家にとっては悪からのいかなる回復もない。（Politeia 473 c11-d6）

プラトンの『国家』からのこの命題は、きわめて誤解されやすい可能性をもっている。なぜなら、哲学のテーマは、それが行為における善であれ、認識における統一であれ、真理であるからである。それゆえここでは全体主義（Totalitarismus）批判が即座に用意されているのである。そういうことであるから、私はこの命題をもう一度、私の考えにしたがってプラトンが今日言表するとすればどのように言表するかを反復してみる。私はこれをヴァイツゼッカーによる言いかえによって行なうのだが、ハンブルク講義での、プラトンの意図を汲んだその言いかえが私の心に残っていたのである。私はもはや文字どおりに後半部分を語らず、私の考えにもとづいてプラトンが意図したであろうようにこの命題を補完しておく。

国家権力をもつ人びとが真理について問うことを学ばないかぎり、そして真理を問うことを心得ている人びとが権力者という活動条件のもとで答えを得ようと努めないかぎり、政治的悲惨さで結末を迎えるほかないであろう。

人はこの命題に何かを対置させることができるであろうか。真理への問いは、愛知にもとづく問いとして、愛しながらも意のままにならない探求の問いとして理解されるのが常である。われわれがそのベールを剝ぎ取るならば、真理は真理でない、とニーチェは語る（KSA III. 352）。その場合、真理はイデオロギーあるいはたんなるモラルになっている。誰かが一片の木材のように真理を所有していると考えるかぎり、その隣人の頭蓋骨をそれでもって叩き割る丸太がいとも簡単にそこから生まれるのである。

　真理への問いがともなっている特殊な事情は、真理が問われるとき真理は生にすでに別の質を与えるということであり、真理は答えによってはじめて答えられるのではないということである。こうした問いに答えることは——このことは哲学的であると同時に政治的経験でもある——きわめて用心深く扱われなければならない。ニーチェは「生は何も証明しない。生の諸条件のなかには誤りがあるかもしれない」（KSA III. 478）と語っている。すなわち、もしわれわれに真理が実際に分かち与えられているのなら、われわれはおそらく真理とともに生きることはできなかった。しかし、もしわれわれが、結果として生じてくる答えが真理であることにけっして確信をもちえないときには、真理を問うことが生の条件となる。ソクラテスはデルポイの無知の知でもって、誰よりも先んじてこのことを考えていたのである。

真理を知らないというソクラテス的知にわれわれが政治的空間を与えることは、おそらくわれわれ人間が歴史の主体ではないという洞察とともに始まる。マルティン・ハイデガーはこうした認識を、おおよそ一九六八年にハンブルクで行なわれた政治的に楽天的な議論のなかで、「君たちは見込み違いをしている」という短いが卓越した公式へともたらした。この洞察においては、人間がもつ力の無能さが無知と結びつけられている。

われわれは歴史の主体を知らないにもかかわらず、われわれが何をなすべきかをわれわれが歴史の主体の名において自問するということは、おそらく歴史のなりゆきに所属している。その場合われわれがすすむべき活動領域は、全能の感情のうちにも、失望させられ失われた全能の感情のうちにも現れない。だがその活動領域がどこにあるかは、われわれが——ユーバーホルスト（1984）の区別にしたがって——ひとつの立場を主張する政治スタイルから、討議的で自己批判的でもある政治スタイルへ移行するときにあきらかになる。

たとえば、討議的政治はある人に以下のようなことが語られる状況において始まることができる。すなわち、その人が（そのときどきの論争相手に）賛成であれ反対であれ、私はそれに反対であるかどうかを自分でもまだまったく知らない、だが私は君たちがなぜそれに賛成であるかを君たちも知らないと思う、と論争相手に答えるような状況において。討議的政治への一歩が生じるのは、論争相手たちが、うん君が正しいと語ることによって、右の問いかけが論争相手によって認められるときである。「このように討議的政治は、なんらかの価値、イデオロギー的なものを排除し、善悪無記の状態いわばす

べてが無知のベールに覆われた状態を前提にし、そこを出発点にすると思われる。〕

討議的政治は真理へと方向づけられた政治学であるから、プラトンの命題が民主主義的で自由主義的国家体制にふさわしく解釈されたものである。しかしこれまで、そのような政治学はほとんど存在していないし、またそれはいいことではない。学問の側から見れば、すべての特殊な契約から自由になって、公共の福祉や真理にたいしてのみ義務を負っている教授たちがまさしくポストを得るということが、そのような政治には必要である。

討議的政治がそのほかにはないような方策を見いだす可能性をもっているということは、すでに言及した審議会の仕事をつうじてあきらかになってきた。そのような変化がないなら、私は自然との和解にたいして政治上のいかなるチャンスも与えることができない。必要な方向転換を帰結しうるような新たな転回点は、いままでのボンの政治スタイルのなかにはまったく見いだされない。

だが、おそらくまだより重要な問題や、少なくとも広範囲に拡大した公共的事柄によって、より見えにくくなった問題がある。それは、われわれが間違った政治ばかりでなく、一定の制限つきではあるが間違った科学と技術にも従事しているということである。私は本書のⅢ部でまずこのテーマに取り組み、そして以下のことをあきらかにする。

——純粋科学ですら自然のなかに自己の権力空間を追い求めるということ、そしていかにして争いを解決する可能性が、基礎研究をつうじて変更されうるようになるのかをあきらかにする（9章）。

——科学は基本的に保障されている自由によって自然との和解を義務づけられているのであるが、

その科学がそれゆえに今日とは違う使用をいかなる仕方で行なわなければならないのかをあきらかにする（10章）。

――われわれは目標達成をどのように変えることにならしたがえそうか、そしてより自然的に優しい技術、とりわけ平和的な技術の発展は、何によって方向づけられうるであろうかをあきらかにする（11章）。

――自然と経済との和解をめざす政治は新たな目標を設定しなければならないということ、そして自然的共世界が故郷になっているようなところでは、そのような和解をめざす政治こそが市民の十分な支持を得るのであるが、もし政治がそのような支持を見いだすとすれば、政治はそのようなときにこそ政治的に正真正銘のチャンスをもつものであるということをあきらかにする。

したがって、本書は最後にふたたび読者に顔を向ける。環境危機において必要な政治は、政治が政治家だけに任せられないときにのみ、政治家にとってさほど難しい問題ではなくなるのである。

I

あたかも世界の中心がわれわれにおいて回っているかのように

2章　成長の限界に直面した従来の環境政策批判

これまでの環境政策は、工業社会における生活基盤の破壊を阻止してこなかった。私は本章で以下のことを示す。すなわち、政策を動かしている古い中心点が変わらずに残っているかぎり、この古い政策が別の政策に変わることは期待できないし、また変わらないであろうということを。たんに受身的に反応するだけの環境政策のかわりに、全体的に新しい政策へと考え方を根本から改めることへと導くように、すべての政策領域にわたって根本から新しく検討しなおすような能動的な環境政策が登場しなければならない。

本書でさらに熟慮していくための基礎として、私はまず成長の限界に直面した環境政策の目標を思いだし（2・1）、つぎにこの目標を正当に評価するためにいままでの苦労の多かった歩みについて述べる（2・2／3）。結局環境危機は評価の危機であり、しかも人間中心主義的世界像の危機であるということが、私の分析の帰結となろう（2・4／5）。

2・1　マルサスからメドウズへ——先延ばしされた成長の限界

睡蓮は沼で育つ。睡蓮はすばやく成長する。すなわち睡蓮が水に占める面積は日一日と倍増する、つまり睡蓮は一定の成長率（二乗）で成長すると考えられる。二九日にはいまだに半分の沼が睡蓮になっていない。だが三十日になると、水の表面のどのくらいが睡蓮で覆われてしまうのか。答えはすべての沼である。なぜなら、睡蓮は一日一日と倍増するからである。

したがって、たとえ世界の半分の地域が何の問題もなく順調であるように見えても、そのとき終末はすでにそこに近づいている可能性がある。

この睡蓮の比喩は、一九七二年に出版されたローマクラブの成長の限界についての研究を的確に表現している。このレポートでは、デニス・メドウズとドネラ・メドウズ、J・レンダー、W・ベーレンによって、工業社会が伝統的な様式における経済発展の限界にいかに近づいているかが図説入りで具体的に示された。成長率はそこでは過去から推定された。この研究を世間によって受け取られたように単純化すれば、それは以下のようなメッセージを内容としてもっている。すなわち、われわれの生活基盤は有限である。だから、もしわれわれがこれまでと同じようにふるまうならば、われわれの生活基盤は近い将来破壊されるであろうということを。

近未来の資源枯渇、そしてますます切迫する環境破壊にたいするローマクラブの警告が立っているところは、工業社会発展の終末である。この警告と同質の恐れが、イギリスの経済学者トーマス・ロバート・マルサスによって、工業社会の始まりと結びつけられた。この始まりと終末のあいだに産業経済の発展があったわけであるが、この発展がそれに関与した人びとに人類史上稀に見る裕福な状態をもたらしたのである。

マルサスは彼の有名な著作『人口論』(Essay on the Principles of Population, 1798)で以下のように主張していた。すなわち、人類は原理上食物生産が増加するより早く増加する、したがって人口がコントロールされないなら、飢餓による破局にいたるということを。[しかしながら]これらの破局は、三つの伝統的な経済の生産要素である労働、資本、土地と並んで第四の生産要素として技術の進歩が生じたから、基本的に先進工業国では起きなかった。

技術の発展によって、所与の土地区画でしかもこれまでと変わらない労働と資本の投下にもかかわらず、より高い食物生産高を達成することが可能であった。技術発展が効率的な生産を可能にしたので、自然の貢献なしには生産は不可能であるのに、自然はいたるところでその地位を低め裏舞台へと退いていったのである。

今日われわれは、マルサスによって指摘された成長の限界は、技術の進歩によってなるほどさらに先延ばしされたにもかかわらず、けっしてなくなったのではなかったということを認める。それにたいして、西側の産業社会においては――とりわけ第二次大戦後の歴史的に二度と見られぬ経済発展によって——経済発展には限界がないという幻想が生まれた。われわれ地上に生きる存在者の基盤は有限であるという記憶が、この限界喪失とほとんど結びつかなくなり失われていった。ドイツにおいてはおまけに、この幻想が国家社会主義［の影から］目をそらそうとする［力によって］強化された。国家社会主義が〈血と大地〉とを誤って引き合いに出したことが、今日までわれわれの自然感覚を苦しめている（12章を参照せよ）。

一九六七年ドイツ連邦共和国において、経済成長がいやしくも法律上正常な状態として定義されたということが、第二次大戦後の自然忘却を特徴づけている。したがって、一度到達したところで満足したり、もはやそれ以上を欲しないことはいわば社会福祉国家的ではないのであり、それはまさしく法律上の使命に反しているのである。

一九六〇年代の終わりに、われわれの地球が有限であること、そのことと結びついている成長の限界を思い出させ、またこのメッセージを新聞雑誌上で非常に効果的に大衆の意識に伝達したことが、ローマクラブの歴史的業績である。成長の限界についての研究は、内容的にも方法的にも［ローマクラブのレポートの］一年前に出版された『ダイナミックな世界』（World Dynamics, 1971）のなかでまとめられている、ジェイ・フォレスターによって熟慮されたことの応用と詳細な分析である。

フォレスターは——一連の単純な仮説のもとに——世界モデルを展開し、もし第二次大戦後の経済成長があと十年産業経済発展の通常の姿でありつづけたとしたら何が起こるであろうかを、シミュレーションした。彼の分析は、この成長はいずれにせよどんなことがあっても来る世紀には終局を見いださざるをえないということを示している。そのさい、行きづまったり進んだりの交互の歩みをたどりながら、最後にはマルサスによって推測されたようにさまざまな領域で成長の限界が相前後しながら続いて起こってくる。

フォレスターのモデルでは、産業［工業］の成長はまず物質的資源の枯渇と、この枯渇が増大する程度に応じて減少するすべての産業施設の利益によって限界づけられる。したがって、われわれがいままでと同様にふるまうならば、近い将来全産業は、産業経済の生活基盤が枯渇してしまい、もはやいかなる燃料も存在しないときの車のような状態になるだろう。原料が枯渇するというフォレスターの最初の成長の限界にたいして、またそれに対応する『成長の限界』研究の諸帰結にたいしては、すぐに以下のような反論がなされた。すなわち、資源の欠乏が増大するとともに価格が上昇し、自己規制が始まると。経済学的にはこれは首尾一貫した考えである。しかしながら、公共経済的に興味のある未来へ向けた問いは、すべてが欠乏するときにいかにして価格は展開されるのかという問いではなくて、こうした欠乏状態が起きるのをわれわれはいかにして防ぐことができるのかという問いである。

価格が供給と需要に依存してどのように上がったり下がったりするかということは、どの国民経済学の教科書にも出ている。しかし残念ながら、従来の経済学はなるほど欠乏とのつき合い方には習熟しているが、それを阻止することには習熟していない。それゆえ、近代市民社会における経済の運動法則についての問いは、成長の限界という観点からもう一度新しく立てられなければならないということがあきらかになる。

ところで、投下された資源を消費された生産物から再生し、さらにそれらを循環過程へと導くことは、技術的には可能である。この可能性に関してフォレスターおよびメドウズのチームは、本質的に資源の限界づけがほんの少しだけあるか、あるいはまったくないような例をそのモデルにしてシミュレートした。この場合には環境危機はつぎなる限界づけの要素として生じる。環境危機は伝統的経済成長の観点から見れば第二の限界なのである。もしも第一の限界である物質的資源の枯渇を「無視して」、伝統的な様式でのさらなる経済成長と一致させることができるなら、工業社会は第二の限界に近づくであろう。

ところで他方で、使い捨て経済から循環経済へばかりでなく、汚染する使い捨て経済から掃除しきれいにする循環経済へと移行することは技術的に可能である。私が一九七〇年代のはじめになによりも「循環経済への移行のために」大きな意義を認めていた基本的限界は、やはりエネルギー使用によってもたらされる気候上の諸結果のうちにあった。しかしながら、気候上の限界は少しも実践的意味をもたないということが、昨年あきらかになった。なぜなら、成長率が正常な状態に回復したし、さらには危機の領域はまだはるか遠くにあるのでエネルギー節約の可能性は小さいからである。

だが、きれいな循環経済とて、近代社会がもつ経済の運動法則にはもちろん適していない。成長の最初の両限界、つまり原料の欠乏と環境破壊を避けることに成功しても、第三の究極的限界がある。経済が自然法則と調和した機構をもっていても、われわれの有限な惑星は制限された数の人間しか養うことができないということが、そこであきらかになるだろう。このことこそ、一七九八年にマルサスによって提起された限界である。この限界は、この間に生じた技術的進歩によってたんに先に引き延ばされているだけであって、変わることなく存続しているのである。

他方、人口を安定化させることは技術的問題ではなく、政治的問題である。したがって三つ全部の限界に関して、実践的に考えうる解決策は、人類が作る社会経済的組織が自然秩序と調和するということを政治的前提としてもっている。こうした状況のもとでは、われわれはまず今日の諸前提下での技術的解決策ではなく、諸前提それ自身を熟考したほうがいい。変更された前提のもとでは、おそらく別様の技術的問題と解決策が生じるであろう。

自然との和解は、工業社会の政治経済的組織を自然秩序と一致させるための政治的自然哲学的構想である。したがって、限界がもはや避けられえないときに、なおも従来の成長が抱えている種々の限界をわれわれに理解させないようにしている政治の精神的諸前提とはいかなるものであるのかが、この著作のテーマである。

ほとんどの先進工業国では、近い将来に五〇年代や六〇年代のようなわれわれの生活条件を脅かすほどの経済成長は起こらないであろうから、ローマ・クラブが計算していなかった小休止をわれわれに与える。しかし同時に、森林の死滅や種の死滅のように自然破壊が進展するにつれて、われわれはわれわれの裕福さの値段をまだまったく知らないということがあきらかになる。それだけにますますわれわれは小休止にたいして感謝すべきであろう。

いずれにせよ、環境危機が増大して経済危機と結びつくならば、環境危機は経済危機を呼びおこすのであるから、反論は消失し、それによって環境政策はやりやすくなる。なぜなら、われわれはすでに経済危機を経験しているから。したがって危機が切迫すればするほど、環境政策的に症状を治療して回るばかりでなく、ぜひとも必要な構造改革に着手し、それによって国民経済を脱近代化(postmodernisieren)するために、この思いがけなく与えられた小休止が利用されるべきであろう。しかし残念ながら、そのような環境政治［政策］はまだ始まっていない。

2・2　ドイツ連邦共和国における小さな環境政策の失敗

ドイツ連邦政府の環境政策は、一九七一年の環境プログラムの開始から一九八三年の総選挙までの最初の十二年間は、見晴らしよく見わたすことができる。一九八三年に新たに選ばれた連邦政府がここで政策変更を企てるのかどうか、またどの方向で企てるのかは、二、三年のうちに判断できるであろう。新しい連邦政府が、私が正しいとみなしていることを行なわないならば、以下で述べられることが近い将来にたいしても当てはまることになる。

一九七一年から一九八三年までの環境政策を見わたすことは比較的容易である。というのも、ギュンター・ハルトコプフ——連邦内務省での環境政策のための担当次官であり、環境政策の立役者の一人――がエバーハルト・ボーネと共同で執筆した著作のなかで、すでにこの十二年を総括しているから。実践的経験にもとづいて書かれているこの著作は、連邦政府のこれまでの環境政策についての定評ある文献であると考えてよい。私がこの環境政策を批判する場合もこれに依拠する。

従来の環境政策のなかで設定されている目標は、どの程度現実化されえたのか。両著者は、《いくつかの悪化にもかかわらず、全体として見ると成功した環境政策は》(同上、I. 85)七〇年代に基礎が置かれたと、きっぱりと回答した。ハルトコプフは官職を辞するにさいしてラジオのインタビューで以下のことをあきらかにした。すなわち、ドイツ連邦共和国はすべての人に等しい負担を求める環境保護立法でもって国際的に《頂点》に到達したし、さらにまたこの法律を遂行したという点で《絶対的頂点》に到達したということをあきらかにした。

私はこの評価には同調できない。なぜなら、私の見解によればいままでにいかなる効果的な環境政策も存在しないからであり、それゆえ環境政策は七〇年代にその基礎を置くことはできないからである。もしこれまでの環境政策が掲げられた目標にたいして比較的成果が上がったとすれば、その目標があまりにも低く設定されていたのである。なぜなら、環境破壊はますます切迫してきているから。だが私の考えによれば、この政策を弁護する人びとの言説と思想によって、これまでの環境政策の歩みを説明することがハルトコプフとボーネの著作の特質である。

一九七一年から一九八三年の行政法上の《熱狂的活動》(Mayer-Tasch 1978, 11)において成立した幅ひろい環境立法上の業績が、その効果のほどが美化されているわけではないにしても、ここで紹介されている。ただし、《全体的に見れば成功した環境政策》という範囲のなかで、人びとは（私の考えでは）失敗したのだということを経験している。つまり、成功したとされる環境政策は、これからもそれをめざして戦わなければならないいまだ到達されないものであることを、たえず経験しているのである。

すなわち、戸外の森は死に、固有の植物種のおおよそ三分の一、ならびに固有の動物種の半分がすでに絶滅したか、絶滅に瀕している。植物もその果実もすでに土地から汚染されているので、化学工業的農業から生態学的に支持できる農業へ移行しても、それが手助けになるかならないかのところまでわれわれは来てはいる。しかし、［ハルトコプフによれば］われわれは環境政策において《絶対的頂点》に立っているのである。

内務省の希望で一九八三年に四十三人の専門家（座長はH. Bick）によって連邦政府に提出された科学的鑑定書《エコロジー行動計画（Aktionsprogramm Ökologie）》（以下ではAÖと略記）には、《ドイツ連邦共和国における種やビオトープ［動植物が生息するための安定した環境］の保護は、環境に優しい農業をつうじてのみ保証されうる》と書かれている。《化学的に植物や動物を根絶する薬を使っている農業は、決定的に動物と植物の激減や種の弱体化に寄与している》。（AÖ 8/12）しかしながら、殺虫剤やその他の化学製品の使用がもたらす環境負荷の帰結が見とおせなくなっているにもかかわらず、農業や林業は連邦自然保護法（3・2参照）の付帯条項によっていっさいの取締りからほとんど開放されるのである。

《応急処置が不可欠》（AÖ 7）である植物種と動物種の保護のほかに、景観保護も十分に規制されてはいない。とりわけ湿潤地域も乾燥地域も生存を脅かされている空間（AÖ 17）であり、さらに国土をできるだけ農業用機械に適したものにするために、茂み、雑木林、土手、畔が破壊される。連邦自然保護法における農業付帯事項は、どこから見ても環境政策の《配慮の原則と原因者の原則とを損ねている》〔配慮の原則（Vorsorgeprinzip）とは、将来長期にわたって危険物質にたいして用心・配慮すべきという原則。被害が予想される場合は、行政が介入し、営業を停止させることもできる。この原則に含まれている「予防」概念が重要とされる。原因者の原則（Verursacherprinzip）とは、原因者は被害防止の義務を負い、被害が生じたら自己負担でそれを除去し、原状回復を計らなければならないという原則である。平子義雄『環境先進的社会』世界思想社、一五一頁参照〕（Hartkopf/Bohne 同上 I. 156）。その付帯事項は、生活基盤の維持を求める公共的利益に反して、あきらかに農業圧力団体の利益にもとづいて作られている。それなのに、われわれの環境政策はやはり絶対的に頂点に立っていると言われる。

およそ六万の化学製品――毎年およそ千個がそれにつけ加わる――が百万倍の組み合わせでたえまなく生産され、消費され、そしてそれらの自然的共世界への影響が完全に研究しつくされることもなく、それらは環境のなかに解き放たれる。たいていの場合、生産量と消費量すら知られていない。《いくつかの物質が癌を発生させるし、他の物質もその嫌疑をかけられている。》（Hartkopf/Bohne 同上 I. 349）多くの場合、これら多くの化学製品の環境濃度はなるほどまだ低いけれども、それにもかかわらず有害な結果にいたることになる食物連鎖への蓄積の危険が十分にある。たとえば、日本の九州で長年にわたって水俣湾へ水銀化合物が垂れ流しされ、水銀が魚のなかに蓄積されていった。その結果、魚を食べた人が水銀中毒になったのである。

だが、さまざまな有害物質の環境中濃度がどれほど大きいか、われわれは概してまったく知らない。十二年の環境政策のあと、ドイツにおける自然的環境の状態は——二三の著者の創意を除けば（Koch/Vahrenholt 1983, Hartkopf/Bohne 同上 1 Kapital. III）——いまだに本質的にはよく知られていないのだ。われわれは人間の健康にかかわるかぎりの全有害マップすら知らないのである。《ドイツ連邦共和国における環境状態について包括的に記されたものは存在しない。》（Hartkopf/Bohne 同上 I. 24）それでも全体として見れば、われわれの環境政策はうまくいったとされる。

河川、湖沼水域などの水域保護においてもドイツの環境政策は、経済的な個別利益に反してまで徹底することはできなかった。

——北海の干潟は高山地帯と並んで、ドイツにおける最後の広大な〈自然空間〉である。《その干潟が、自然破壊的な経済基盤の拡張と結合した堤防建設、工業施設、下水そして観光によって危険にさらされている。》（AÖ 27）

——塩のように撤廃されなければならない重たい素材、つまり重金属化合物や塩化された炭化水素をともなっている陸水や沿海の負荷は日に日に増すばかりであるが、そこからの転換は見とおせない。

——ライン川やエルベ川の堆積物の重金属は、農業利用のための許容値をずっと上まわっている。

——二三の農業地域では、上昇する硝酸塩の負荷がすでに公共の水供給を危険にさらしている。
——湖沼の燐酸塩負荷は現在上昇してはいないが、その値はつねに高い。
——塩化された炭酸水素、石油、硝酸塩等々による地下水汚染には不安が増しつつある。しかし、当局は経済的な個別利害が対立しているから、必要な水防地域すら決定しなかった。
（Hartkopf/Bohne 同上 I. 356）

こうして下水処理にたいしてもいまだに以下のようなことが定められていない。すなわち、下水処理は今日の《技術状態》にしたがって、つまり処理の仕方が成熟した段階にまで発展したかぎりでの最も現代的方法にしたがって行なわれなければならないということが。そうではなくて、ひろく受け入れられている《技術上一般に承認されたやり方》で十分とされているのであって、昔日の技術で事足りるとされているのである。

水利経済においては、飲料水供給の理由から、環境保護がすでに二〇世紀への変わり目のころから始まり、初期の成功を導いた。第一次大戦以前にプロイセンのルールクリーン法（Ruhrreinhaltgesetz, 1913）によって調整されたルール連盟（Imhoff 1928）の水利経済は、世界的な成功した環境政策の範例となった。事実、《水利経済は道具のタイプや目標となすものへの最も包括的な環境政策上の活動手段を》（Hartkopf/Bohne 同上 I. 382）もっている。

形態は多様であるが秩序ある合法的手段にもかかわらず、現在の水域利用、とりわけ実際に下水を引こうとすれば、そのために負荷をかけられた水域を立てなおすのに、多くの克服できない障害があることを示している。なぜなら、水の監督官庁は現存の道具を投入するための政治的遂行能力を所有していないからである（Kölble 1982, 19f.）。それゆえに、水利経済において——他の環境領域においても同様であるが——支配的であるのは当局と企業との拘束力のない取り決めであり、この弱い取り決めでもって当局は最もひどい破壊を防止し取り除くように努めるのである（Hartkopf/Bohne 同上 I. 386）。

それゆえに、いたるところでほとんど同じことが起きることはないとしても、われわれのもとでだけ何かが他所ほど起こらないということだけで、ドイツの環境政策を頂点に置く本質があるということになるのだろうか。

さらに、人口の約半分ほどが交通騒音にたえず苦しめられており、この騒音の緩和は急を要するのにまだその緩和にまではいたっていない。そのときにはいつも、自然保護の怠慢が、なによりも人間の欲望が重要であるということによって弁護される。

結局最もセンセーショナルな形で、従来の環境政策の怠慢がたしかに森林の死によってあきらかになった。人間の欲望を重視し高い煙突をめざすような環境政策が、まさしく今日のカタストロフィーをもたらしたのである。それによってはじめて、全エコシステムの崩壊が生じたのであり、——まだ個別的処理で片づけられうるような個々の植物への個々の破損が起こったのではない。それどころか森林だけでなく全植生が危機に曝されているのである。こうしていまや各人が、われわれは自然的共世界との関係を根本から考えなおし、経済活動をまったく新しいものへと方向づけなければならないということに気づくことが大切であろう。

私は七〇年代の環境政策の成果をけなしたくはない。実際に、一九七一年の最初の環境プログラム、およびよき始まりとして今日しばしば呼び覚まされる、同じ年にできた有鉛ガソリン法（Benzin-Blei-Gesetz）以来、環境保護のための法的規制の充実が成し遂げられたのである。これらの規制は、それらが有効であるかぎりは、多かれ少なかれなんとか効果的である。だがそれらはそれほど十分ではない。そこで私は、これらの規制を小さな環境政策として、自然との和解である大きな規制から区別する。

結局私の批判は、七〇年代の法務当局のでたらめな活動は《ほとんど休むことなく続く破壊の持続過程とのまさにグロテスクな対立のうちに》ある（Mayer-Tasch 1978, 13）ということである。その場合、私はこの判断を国土利用計画法、景観法そして自然保護法から全環境法にまで普遍化する。したがって、私は従来の環境政策をよき始まりのあとに失敗したものと考える。だがもしそうであるなら、従来の環境政策はなぜ失敗したのか。

2・3　将来の安全は多数決で可能か

従来の環境政策が、本来到達すべきであった地平に到達していないということは、表面的には、政治的、経済的利益が環境的利益に反しており、前者の利益が後者の利益にたいして貫徹されるところに見てとれる。このことはすでに、連邦政府内での管轄領域や権限を分配するさいに始まる。たとえば、農業相は動物、植物そして風土の管理を促進すべきであり、それが必要である範囲で動物、植物そして風土をこの管理によって守るべきである。

そのさい、動物、植物、種そして自然を保護することは損を惹きおこすことになるが、これは不思議なことではない。交通相は交通計画によって環境を危険に曝すことにたいして権限をもつべきではないし、経済相はエネルギーや原料の領域での環境問題にたいして権限をもつべきではないということと事情は同じである。

環境保護のためのその他の権限は、諸利益の葛藤がそこでは存在していない内務相のもとにある。これは以下のような大きな利点をもっている。すなわち、環境の利益が他の政治的目標からは独立的自立的に調査され、それが政治的に主張されるという利点を。だが内務相もまた、環境の利益を代表しつつ、行政権の内部で逆方向の利益に直面していることを理解している。

国家機関は環境負荷を惹きおこした個人によい例を示し、とりわけ環境財をいたわることを要求するということが期待されるべきであろう。だがこの期待はいままでのところ満たされてこなかった。国家組織は——それが連邦に属そうが、州に属そうが、市町村に属そうがいずれでもかまわないのだが——コストがかかるという理由で環境保護のための対策に反対して、環境負荷を惹きおこした個人と同様に抵抗するのである。環境保護をめざす場合の公共の利益には、そのときどきの人それぞれの固有の課題を採用した場合の公共の利益が対置されるので、国家機関の環境保護対策にたいする抵抗はさらに大きく頑固である（Hartkopf/Bohne 同上 I. 134）。

たとえば、水域保護においてもさまざまな公共の利益を個々別々に比較検討したとしても、たいていの場合は手をつけやすい保護のほうが選ばれる（同上 I. 384）。しかし、もともと第二級のとるに足らない制度との争いだけが環境保護の障害となっているところですら、環境政策的な目標はおろそかにされるのである。たとえば、財政政策上利用される手段はいままで環境政策においては利用されていない、すなわち国家による援助あるいは税の優遇措置が環境保護のための負担と結びつけられない（Hartkopf/Bohne 同上 I. 249）。同様に国家がなすべき仕事は、これまではたしかに経済政策、技術政策そして社会政策の道具として分配されて行なわれてきたのであるが、その場合にもこれまで環境保護は実際いかなる役割も果たしていない（同上 I. 251）。

所与の状況のなかで金融が逼迫したときだけは環境破壊的な投資や補助金計画の実現が阻止されると、誇張して語られうる。だがこうした状態は長く続かない（同上I. 218）。

環境政策的な実践が不足しているとしばしば嘆かれるのであるが、これについては驚くにはおよばない。政策が現実的に望まれないなら、その政策はまさしくそれゆえに遂行されないのである。ドイツ語の慣習にしたがって人びとは、番犬は犬であり、犬小屋は小屋であり、環境政策は政策であると考える。しかし、従来の環境政策における政策はどこにあるのか。ハルトコプフとボーネは環境政策を、本質的に政治的経済的利益に逆らって貫徹されなければならない行政活動として描写している。環境保護の仕事は連邦環境省に統合されるべきではないということを彼らは基礎づけるわけであるが、この基礎づけはつぎの立場から導かれるのである。

環境省は他の重要な仕事がないので、他の管轄領域や外部の組織に利益を与えたり不利益を加えることができない請願者の役割のなかに、たえずあったのである（同上I. 150）。

それにたいして内務省は環境政策の目標に、それが権限をもっている他の領域や交渉相手に利益や不利益を加えるということを、取り入れることができるのである。だが、やはりそもそも環境政策は政治的な固有の重みなどまったくもっておらず、それゆえつねに請願者のようなものでありつづけるのか。

環境政策は当然政策という言葉に値するのであるが、環境政策におけるわれわれの政治的現実の把握があいまいであることが、環境政策のあいまいさにつながっている。たとえば、ハルトコプフとボーネの叙述には、ドイツ連邦共和国の具体的政治状況がほとんど見積もられていないのである。それだからこそ彼らの著作は、すべての州の環境にかかわる行政活動にとっておおよそおしなべて関心を引くものになってはいる。

たとえば、《環境政策の行動体系》(同上 I. 131) における議会の役割は注目に値する。そこには、環境政策の最も重要な仕事の範囲にたいして権限をもっている七つの省(内務、農業、交通、経済、保険、建設、研究)との内的つながりと、《環境政策上の最も重要な当事者》との外的つながりがある。また、この外的つながりにおいては連邦議会は二八部門のひとつにすぎない。他の二七の部門は国際機関、国鉄、連邦郵便、州、市町村そして大学などのさまざまな部門である。

これが国家体制の現実であるとき、環境政策はなお基本法に合致するのか。すなわち基本法では以下のように語られている。

二〇条二段落——すべての国家権力は国民に由来する。すべての国家権力は選挙と投票において、そして立法、執行権、裁判という特別な機関をつうじて国民によって行使される。
三八条一段落——ドイツ連邦議会の議員は——全国民の代表者である。

ハルトコプフとボーネにおける議会の役割についての記述は、私が見るかぎり、もちろん内務省の視点にだけ当てはまるものではない。

一般的問題についての立法は環境の置かれている状況から独立しているし、連邦議会は多くの場合（最終的な目的条項である）一般条項と比較してまだ不完全な法律を公布しうるにすぎず、またその法律を具体化することは行政機関に委ねなければならない（Roßnagel 1982）。それにたいして行政機関は古い種類の完全な法律（条件的条項）を利益集団に反対して強化できるのである。

いかに強固に議会が行政機関と結びついているとしても、そこにはつねにアンガージュマン（参加）の問題がある。実際これまで環境政策は党の綱領によって準備されてきたのではなく、多くは執行権によって作られてきたのである。そのさいに、議会はたんに脇役を演じたにすぎない。

議会が熱心でなかったことのおもな理由は、社会民主主義的に運営される連邦政府の時代には環境政策において野党［CDU］はまだ政権与党［SPD 社会民主党］に遅れをとっていたし、少数者が主張する問題に気づくことも与党の内部に預けたままであったからである。唯一の例外はキリスト教民主同盟［CDU］の議員ヘルベルト・グルール（Herbert Gruhl）であった。そのとき彼はもはや政治的定住地をもっていなかった。一九八二／八三年の政権交代後はじめて、野党の側［SPD］から環境政策の問題が提起されるようになる。それは同時に、野党から政権を取るにいたった政党も「新しい野党と」同様に環境政策の問題を発見したことを示している。一九八二／八三年に形成された連邦政府は、それより以前にあったような野党との対立をもはやもっていないのだが、そのかぎりにおいて前の政権との対立も比較的軽いものになっている。

しかしさしあたり結論を言えばそれは以下のことにとどまっている。すなわち、従来環境の領域においては、本質的に政治的に制限された行政機関の活動だけが存在したのであって、自主的であまねく承認された環境政策は存在しなかったということである。これまで性急に環境政策と呼ばれてきたものは、まだ政治的にはいかなる生命ももっていない。環境政策は《あまねく受け入れられていない弱きもの》（同上 I. 156）と名づけることができる。こうした状況のなかでハルトコプフとボーネはある種のバランスをとることによって切り抜ける。すなわち、彼らは自分たちをつねに中間点、自由空間に位置づける。

たとえば、一方に《災難の預言者》（メドウズ、グルール）と《環境保護者》がおり、他方に今日の《環境ヒステリー》がもう過度になりすぎていると考える宥和主義者がいるので、《現実的な環境政策》（同上 18 以下）を採用する右の二人の著者［ハルトコプフとボーネ］はそれらの中間に立つ。彼らはのちに、（自然を模範にする）生物学者、（近代の人間の不遜を批判する）生態学的モラリスト、（あらゆる悪を資本の利益に帰属させる）社会主義者、（とりわけ体制をコントロールできるようにしたい）合理主義者、そして（いっさいを市場に委ねたい）資本主義者とは一線を画す。またかれらは、これらのうちの一つを《絶対化すること》（同上 I. 63）なくこれらすべての観点を妥当させる《現実主義者》である。彼らは何も動かさないのだから、彼らはつねに中間に位置している。そのようなものがときどき間違ってプラグマチズムと名づけられる。《環境政策は――それがいつか成功しようとするのであれば――現にある政治的力関係の客観的評価のもとに決定を下さなければならない。》（同上 I. 228）もし現にある力関係が環境政策を邪魔するとすれば、そこには何があるのか。もしつねに天秤竿の支点の上に自分を置くことが環境政治家にとって《現実的》であるとしても、現実の力関係が環境政策にまったくいかなるスペースも与えないとすれば、環境政治家のもつ重みは一度定められたバランスにもはやどんな影響も及ぼさないだろう。結論的にいえば、中庸と調和はだめであると私は考えている。

全体的に見れば、環境政策はそれ自身政治の新たな転回点とならなければならない。だが政治はますます古い問題を中心に回り、環境を中心に回らないということが問題なのではない。現実的な環境政策のためには、批判的観点へとハンドルを切ることから事が始められなければならなかったのだが、ドイツ連邦共和国の政治体系においては、いままでの責任ある関係者はこの批判的観点にきわめて近いところにいたのである。しかしながら、事を始めるのにあまりにも性急で近視眼的であったから、彼らはまさに出発点からほとんど何も動かせなかった。ハンドルを切ることを長く阻まれていた人びとは、残念ながらほとんどが、ハンドルを切りはじめうるためにそこから離れた場所に身を移すのである。私の考えによれば、出発を画すための微視的視点をもった人と、事を運ぶのに巨視的視点をもった人の両者が必要とされる。そうでなければ、それは症状を治療するにとどまり、産業社会の生活基盤は救済されないままである。

従来の環境政策の失敗は、私の考えによれば、ハルトコプフとボーネの著作のなかの以下の部分で最も直接的に現れている。すなわちそれは、著者たちは自然環境との関係においてであれ――多元社会においては――《現在多数に支持され、しかもわれわれの未来を守ってくれる》（同上I. 68）《最小限の倫理》（das ethische Minimum）だけをつねに現実化することを考えている部分である。だが本来の問題はまさしく、現在の政治的条件のもとで多数の支持を得ているものは、われわれの未来とわれわれの自然的共世界を守るものではないということなのである。（それゆえに、私が生態学的モラリストとして好んで提起する倫理は、最小限の倫理ともちろん一致しない。）

2・4　環境のようには固有の価値をもたない環境政策

実際、環境危機の根本には評価危機があると私は思う。環境が価値あるものであることを、われわれ――ドイツおよびその他の工業国――が知らないから、環境は破壊される。われわれのうちの若干の者は、なるほどこのことを環境政策の活動における支配的な考えよりもよりよく知っていると思われるのだが、いままで政治は彼らが申し立てた論拠によって納得させられなかった。本書は、環境政策における活動の指導的価値が、従来とは異なる仕方で設定されなければならないということに、関心を呼びおこそうという新たな試みである。

『エコロジー行動計画』(Aktionsprogramm Ökologie, 1983) の著者たちは、以下のことを強調する。すなわち、《たとえば湿地帯の保護が不十分であるのは、研究不足》(私はこれにさまざまな対立する利害をつけ加えたいのだが)《に還元されるのではなく、不足した不十分な評価尺度に還元されうる》と(AÖ 6)。ハルトコプフとボーネも、つり合いの取れた環境政策という点をどこに認めるかということにおいて、鏡に映したようにつぎの立場に近いところにいる。

もちろん現実的環境政策はたえず、現にある現実を政治的尺度に高めたり現状を正当化したりする危険に陥る。この危険に負けないために、環境政策は規範的で進歩的な明確な尺度を必要とする。(同上 I. 63)

この場合、問題はいかなる評価尺度が進歩的であるかにのみあり、二人の著者はここでは人間中心主義的世界像にみずからを定位している。評価問題は、環境保護に対立する利害、とりわけ経済的問題以上に、政治的に急を要する問題でありうるのか。いままで環境適合性の吟味という構想を駄目にし、連邦自然保護法における農業付帯条項をゴリ押しし、必要な河川保護を邪魔したものこそ経済的利害ではなかったのか。環境政策においては、《国家の保護対策はできるかぎりの症状の撲滅に制限されるが、そこには構造的侵害の撲滅も含まれる》(欄外番号 143) という国家目標決定のための専門家委員会 (Sachverständigenkomission Staatszielbestimmungen、委員長 E.Denninger) の批判は、とりわけ政治経済的複合問題にたいしても資格を有していないだろうか。

経済的な抵抗を過小評価することは、筋道を外れている。しかしまさしくここにこそ——いつでも当然一貫して主張されるのだが——、個別経済的評価がそれに対抗する環境評価によって埋め合わせられるのかどうかという、評価問題があるのである。この問題は、直接的に経済的に動機づけられてはいないが環境保護とは対立している、多面的な政治的利害に当てはまる。それゆえに、環境および共世界の何がわれわれにとって価値があるのか。私は以前述べた（1・3）一覧表にある留意すべき八段階において私の考えを示している。

従来の環境政策は人間中心主義的価値の尊重にもとづいている。つまり、《自然的生活基盤を維持することにたいする義務は、現在生きている人間と未来の人間の繁栄（Wohl）にたいするわれわれの責任から生じる。それゆえ、環境保護は自己目的ではなく、人間の繁栄から導出される。》（Hartkopf/Bohne 同上 I. 63 以下）私は従来の環境政策がもつ、政治的に徹底することの弱さをつぎの点に還元する。すなわち、人間中心主義に価値を置くことはいかようような解釈も可能にするから失敗する、という点に。工業社会は泥沼から自分の力でチャンスを引き出すことができないのである。

車の運動は、運転手がそれ自身は車に所属せず、車の運動に関与していない何かを理由に停止を要求することによってのみブレーキをかけたり、方向転換するように、環境政策においても、今日の経済発展の外側からの停止を必要とする。

だが発展途上国や未来世代は、環境政策においてこのような停止を与えることができない。なぜなら、両者ともわれわれのもとに現存しておらず、はるか遠くにいるからである。のちに生まれてくる人びとを含めて人類全体を顧慮する活動のなかには、強固なアンガージュマンを前提にするところのかなり抽象的で実現しがたい要求がある。しかるにこのようなことは起こらないのである。なぜなら、われわれが今日生きているのとまったく同じ水準で第三世界やわれわれの子孫も生きることができるように、われわれがわれわれの態度を変えるならば、われわれは彼らになにかよいことを行なうことになるのだということについて、われわれがかならずしも納得していないからである。だがそもそも、いつか全人類が現在の工業社会と同じように生活しうるために環境や資源を大事にするということは、ほんとうに骨を折るに値することなのか。「工業社会はその市民により高度の生活の質を提供する」という言説をわれわれの近くで耳にするし、そうした言説は他の工業国においてもたしかにあいも変わらず賛同を得ている。だが、こうした賛同は、工業社会の抱える諸問題が、第二次世界大戦後の成長と繁栄に熱中したときよりもより明確に公共の意識のうちに見られるようになってからは、とっくに後退しているのである。

経験的社会研究者が仮に量区分した七段階の評価等級で言えば、一九八二年には工業化への賛成は平均値で4・9（1、2、3が反対、4が中立、5、6、7が賛成）であったし、一九八〇年にはまだ5・4もあった。環境保護者だけを見れば、平均値は3・6（一九八〇年には4・6だった）であり、工業擁護者だけを見れば、5・8（一九八〇年には5・9だった）であった（Kessel 1983, 12）。第三世界のほとんどの国ではおそらく別の結果がでたであろうが。

《あなたは、科学技術はどちらかといえば人類にとって祝福であると考えるか、あるいは災いと考えるか》という問いを、一九八一年には三〇パーセント（青年では二三パーセント）の人だけが回答した。そしてその内の五三パーセントの人が科学技術は祝福であると答えた（Klipstein/Strümpel 1984, 183; 9. 6章の表2を参照せよ）。他のアンケート調査では（一九八〇年）以下のような数値になった。すなわち、ドイツ連邦共和国の人口の四一パーセントが、まだ科学技術の進歩がわれわれの生活を楽にすると考えた。それと同様に多くの人（四〇パーセントの人）が反対の考えである（同上）。

シュツゥルムペルとクリプシュタインは、われわれのうちで工業社会の自己満足度が低くなったその理由を追求した。彼らはそれを容易に跡づけることができた。すなわち、質問された人の六七パーセントが科学技術との連関で環境破壊を考えたし、五一パーセントが失業を考えた（同上 184）。こうした状況のなかで、全人類の連帯を訴えかけることが環境政策にいかなる力も息吹も与えないとしても、さほど驚くにあたらない。このように連帯を訴えかけることによって人間中心主義的傾向は表1の段階3——今日生きているすべての同国人への顧慮——に逆戻りすることになれば、わが国の今日の住民の固有の利益を損なう多数の環境問題はあいも変わらず残りつづけることになる。だが、この問題を立証し、それにたいしてなにごとかを講じることはわれわれの政府の問題ではないのだろうか。

人間中心主義的傾向はわれわれを以下のように導く。すなわち、まず人類へ、だが少なくともその中心にはドイツ国民がいなければならないし、さらに政治的中心であるボンへと導く。人間中心主義はボン中心主義に陥る。多元的社会における政治力学の場の重心は、人びとがそこで生きることになる、多くの人が支持可能な政治的中心を選ぶ選挙であるということは、誰にでも納得できないだろうか。納得できるはずである。しかし、ボンにおいては環境政策は固有の重さを十分にもっておらず、そのときどきのバランスにもとづいておこなわれる請願的なものにすぎない。

一度環境問題の人間中心主義的評価に手を染めた人は、それによってほとんどいかなる支えもなく、最後には現状の正当化しか残らない険しい道を政治的に歩むことになる。人間中心主義は人間を守ることができない。だから、人間中心主義は結局、自然的共世界を保護しないための口実でしかない。啓蒙された人間中心主義（2・5／3・5）は、根本的には私によって主張された立場を受容しているので、ここでは外見的には例外となっている。

環境政策において、全人類にかわって結局今日生きている同国人だけが顧慮されるのであれば、環境政策が失うことができないような固有の重みを、最初から環境政策に与えることこそ、私の対策である。環境政策は、自然的共世界をわれわれのためばかりでなく、それ自身のために顧慮すべきであるという命令をつうじて、この固有の重みを獲得できる。

小さな環境政策の政治的運命は、環境政策の精神的基盤を支えることができないという点で、私が以下で示すようなことになる。先へと進んでいく自然との和解の環境政策がどのように考えられ、そしてどのように根拠づけられるかを、私は本書のⅡ部とⅢ部であきらかにする。

2・5　環境政策における新しい価値

われわれは自然的共世界をわれわれのためにのみ顧慮すべきか、あるいは自然的共世界自身のために顧慮すべきかという問いは、学問的関心にもとづく問いと同様に、現代の意識にはそれに答えたとしてもいかなる政治的帰結ももたらさないかもしれない。もしそうであるとすれば、私にはその問いは学問的にも関心を引かないように思われる。なぜなら、私はジェームズやパースと同じく、哲学的な諸言説はそれらの実践的帰結によって区別するべきであり、もしそのような区別がないのなら争うに値しないと考えるからである。それゆえ、もしわれわれが自然的共世界のために自然的共世界にたいして責任を負おうとするなら、このことはわれわれの活動にたいして何を意味するのであろうか。ハルトコプフとボーネは、自然的共世界の固有の価値あるいは固有の権利を承認したとしても《実践においては》（同上 I. 69）なにものも獲得されないであろうと考える。なぜなら、たとえばアウトバーン建設の経済的ないしそれ以外の利益と、森林地域保護の価値との比較考量は、両者同じように行なわれなければならないであろうからである。

いずれにせよ、こうした比較考量を行なわなければならないということは正しい。私は8章でそれを提案することになるのだが、自然的共世界の固有の権利を承認することは、この権利がどんな場合でも人間的利益にたいして優先するということを意味しえない。しかしながら、自然的共世界の固有の権利の承認が実践においては何も変更しないであろうということであれば、それは根本的な誤りである。なぜなら、二つの根本的に異なる比較考量されるべきものと、その両者のいずれが正しいのかという問いが重要であるから。

——ある場合には人間にとっての森林の価値にたいして、人間にとってのアウトバーンの価値が比較考量される。それゆえ、保養の価値、木材を自由に使用できる価値等にたいして交通の価値が比較考量される。［二つの比較考量されるもの］

——他の場合には比較考量の問題は以下のようになる。アウトバーンでのわれわれの交通上の利益のために、さまざまな種類の多くの木が命を奪われ、風景が深刻なほどに変えられ、植物の生態系が破壊され、森林に生きる動物からそのビオトープが奪われるということは正当化されるのか。［どちらが正しいのか］

人間が木を切り倒す前に木に謝るということは、［いまでは］若干の〈原始的〉民族の文化に属する。だがヨーロッパの木こりですら、まだ十九世紀にはこれを行なっていた（Sartori 1911, 165 以下）。謝罪はそれが向けられている木の命を救ったのではなかった。しかし、木の伐採は謝罪を必要とするという規則は——謝罪が遵守されたところでは——謝罪なしに伐採されなければならなかったすべての木の命を救ったし、しかも人間の利益に対立しているそれらの木固有の価値を比較考量することによって救った。それにたいして、今日の環境立法は、私が以下の章で示すように、はるかに人間中心主義的である。

動物実験をしたり、動物を飼育したりするとき、ただ人間中心主義的に比較考量するなら、それはすべての動物虐待を正当化するであろう。なぜなら、動物を保護することには、森林の保存価値に相応するようないかなる人間の利益も存在しないからである。このことは、立法者が動物保護を人間中心主義的価値設定にしたがって規制しなかったことにつながったかもしれない（3・3）。しかるに、こうした人間中心主義的価値設定は普遍妥当的ではありえず、それゆえにそれは上位の尺度に服従させられなければならないということが、すでにそのことからあきらかにならないであろうか。

ひとつの社会的利益がもうひとつの社会的利益にたいして比較考量されることであれ、社会的利益が自然的共世界の固有の利益あるいは固有の価値にたいして比較考量されることであれ、そこにはいかなる区別があるかということにたいする有名な例は、テリコダム建設後のテネシー川の、スズキ類の小魚の運命である。

アメリカの最高裁は六対三の多数決で以下のような判決を下した。すなわち、ダム湖の水を一杯にすれば、絶滅の危機に瀕し保護されなければならない種のリストに載っているスズキ類の小魚から、その自然的環境を奪い、それらを絶滅させることになるから、主要部分が出来上がったテネシー州のテリコダムは不完全のままにしておくべきであるという判決が下された。この魚――Percina tanasi ペルカ――は全世界で、計画されたダム湖で消失することになる小テネシー川の流域およそ二五キロにだけ見られる。この魚は浮き袋をもっていないので、浅くて流れがありよく換気された川でだけ生きることができ、ダム湖の底では生き残れなかった。フランクフルター・アルゲマイネ新聞はこのことを理解もせずつぎのように述べた。すなわち、計画された発電所は《開発されていない地方に工業、保養地、電気を供給することになろう》と（20 VI 1978）。問題はそうこうするうちに、魚がそれまでと同様に生き残ることができるはずである別の川へ、魚を移住させたことによって解決した。

一九七八年のアメリカの判決は、自然的共世界それ自身のための保護にとって大きな激励の意味をもっていた。判決はたしかに、現在の人間と未来の人間の利害にもとづいて種の保護を正当化する法にもとづいて下された。しかしそれにもかかわらず、このスズキ類の小魚の場合に関しては、こうした法律の人間中心主義的基礎づけがもうひとつ納得できないし、それゆえ法律の背後に政治的かつ道徳的にもっと他の根拠があるという印象は拭いきれないのである。

そもそもわれわれおよび二億人のアメリカ人は、テネシーの小魚といかなる合理的利害をもっているのか。実際には、その小魚の絶滅によってわれわれが不正を働くことにならないために、小魚は保護されるべきではないのか。それゆえに人間によって作られた利害が、魚自身のために魚を保護するための、まだまだ議論の余地はあるが実際にはただ主張されただけの、最低限の根拠づけの役割を果たしたのか。だがしばしばあることだが、多くの人のうちの一人として知らないうちにばかりではなく、自覚的にそして自分の決定にもとづいて、ともに世界の内にある生物の取り返しのつかない絶滅にたいして責任があるなどということは、誰にたいしても馴染みやすいものであろうか。そうではないだろう。

環境保護のために何がなされるべきであるかということは、この間なるほど狼狽や恐怖の経験をつうじて広範囲にわたってあきらかになってきたのではあるが、それは私の考えによれば、少なからぬ部分において初期の自然保護の伝統や、昔と変わらず生き生きしている宗教的な意識内容にもとづいている。こうした根源的自然保護も、自然にたいするなんらかの宗教的関係も、人間自身の利害にもとづいてはいない。しかし、利己的でないことは少なくとも西洋工業社会においてはその制度に一致していないことである。したがってそうした行為は、競争社会において何が成功の条件であるかをまだ理解していなかっただけではないかという疑念を、容易に惹きおこす。この疑念を最初から逃れる最も単純な方法は、自分の行為が可能なかぎり完璧に利己的であることを宣言することであるが、この宣言すること自体は利己的行為ではない。環境政策においてもそうである。ものごとは軍事的にも経済的にも捉えることができるのだが、軍事的論拠が好んで引き合いに出される。たとえば、十九世紀に北ドイツにある生垣に囲まれた土手はもちろん景観の美しさから守られたのであるが、表向きは国土防衛のために有用であるからとされた（Sieferle 1984, 212）。

いまでは結局行動が大事であって、それに随伴する語りが大事なのではないと考えることができるかもしれない。とはいえ、行動とそれについての説明との不一致は、われわれの行為の真の動機が自己中心的であるにすぎないのではなく、われわれが行動とその原因との不一致を恥じるとしても、真の動機がわれわれにおいてはわれわれを動かす力をもっていないという危険を孕むことになる。ほんとうの感情が、虚偽の語りや説明によってつねに抑えつけられ、あきらかにされないなら、それらを結合する力は働かず、それどころかほんとうの感情はおそらく時間の経過のなかで干からびるであろう。クリストファー・ストーン（Christopher Stone）とローレンス・トライブ（Laurence Tribe）は、この問題に注目した。ストーンは、《環境保護者の立場を、有用性を考慮しているからといって正当化することは不誠実》（1974, 43）であると感じ、トライブはこれについて以下のように考察した。

> 環境保護者はおそらく以下のことについてまったく気づいていない。すなわち、もし環境保護者が彼の要求を個人的欲望や個人的利害から根拠づけるなら、それによって彼がそのゆえに環境保護にかかわる責任の感情を、長い目で見れば徐々に駄目にするような思惟方法を、ひょっとすれば正当と認めているということに、気づいていないのである。（1976, 73）

私はそれゆえに自然的共世界自身のためのその保護を、人間中心主義的に偽装しないということは誠実であると考えるし、効果的環境保護のためにも必要不可欠であると考える。トライブ流の理由から、3・5の〈浄化された人間中心主義〉は環境政策にまったく活気を与えることができない。

たとえば、南ユトラントの湿地に住むアマガエルを、そこに埋設された配管から守ったデンマークの農民夫婦は、このカエルへの利己的利害を引き合いに出すことによってまさしく物笑いの種にならなかったか。工業社会の利益のために自然的共世界がこうむる受難にたいして、どの程度責任を負うことが可能であるかという道徳的問いが、環境政策においてオープンにされないかぎり、われわれはわれわれ自身とまじめにかかわることにならない。

人は人が行なういっさいのことを自分自身のためにだけ行なおうとするのか。われわれはわれわれの隣人のためにも、そしてそれを超えて同国人のためにも活動しうるということを学んだ。全人類を包括する倫理は、第三世界の窮乏に直面して少なくともそれがいかにして起こったのかを認識しなければならない。さらにわれわれがその責任を負わされているわれわれの自然的共世界の窮乏に直面して、人類はいつも自分自身のためにだけあるのではないということを想起しなければならないときになっている。

自然的共世界をその固有の価値においても認める環境政策は、適切な法的規制を前提とする。私は以下の章で環境立法の今日の状態を叙述する。そのさい、人間中心主義を克服するための兆しがたしかに存在するということをあきらかにする。

3章　自然保護、天然資源そして自然災害——法における自然の理解

自然的共世界との産業経済的かかわり方は、決定的に人間中心主義的世界像にもとづいている。この世界像においては、人間でないすべてのものへのわれわれのふるまいの中心点になっているのは人間の利益であり、したがって人間がすべてのものの尺度である。この世界像こそほとんどの法律と行政的通達の基礎であり、——少なくともドイツにおいては——これらにしたがって産業社会の自然的共世界とのかかわりは規制されている。しかし潜在的にではあるが、人間以外の世界も若干の法律においてそれ自身のために尊重されている。したがって、すでに現行法のうちに人間中心主義的世界像を克服するための出発点がある。

私はこの3章で自然がどう理解されているかを述べるが、まず基本法において自然がどのように理解されているかを述べ（3・1）、つぎに環境保護立法においてはどう理解されているかを述べる（3・2、3・3）。環境保護が従来以上に憲法上保障されるべきであるかどうか、そしてどのように

保障されるべきかが議論の対象になる（3・4）。そのさいに、基本法も無条件に人間中心主義的世界像に結びづけられているのではないということがあきらかになる（3・5）。

3・1　基本法における自然

ドイツ連邦共和国の基本法においては、自然は自然そのものとしては出てこない。［一九九四年にドイツは基本法第20a条に環境についての新たな国家目標を、つぎのように明文化した。〈国は将来の世代にたいする責任からも、憲法的秩序の枠内で、立法により、ならびに法律および司法により、自然的な生活基盤を保護する。〉（『現代ドイツ基本権』法律文化社、二〇〇一年）。ここにははっきりと未来世代のための環境保護が明示されている。だがアービッヒが本書を執筆した時期には、右の条文はまだ存在しなかった。右の条文はリオ・サミットの基本合意を受けてのものと考えられる。］自然概念はただ以下の三つの単語結合において使用される。

——公共的仕事に従事することに関する法的関係、大学の一般的原則、映画や新聞に関する法的関係、狩猟、自然保護そして風景の保護、地域開発計画そして水分代謝のために、またそれらと同様に住民登録制度や証明書制度のために概則を立法することの権利が連邦に与えられるのであるが（基本法第七五条）、このなかにある自然保護（Naturschutz）という語において。

——土地、天然資源および生産手段は、社会化の目的のために公有あるいは他の公共経済の形態へ移動させられなければならない（基本法第一五条、および第一五条の七四項）――これについてはずっと以前にはまったく話題になっていないのだが――という条文のなかにある天然資源（Naturschätze）という語において。

――自然災害を制御するためには移転の自由という基本権の制限が許され（基本法第一一条第二段落）そして連邦レベルの救済活動のために連邦政府の指示権限が定められる（基本法第三五条第二段落、三段落）という条文のなかにある自然災害（Naturkatastrophe）という語において。

さらには、自然性が経験されるより広い範囲にたいして、すなわち農業や林業、生計、漁業、沿岸保護（第七四条一七項）、人間や動物における病気（第七四条一九項）、食料や飼料、種苗、有害生物、植物と動物の保護（第七四条二〇項）、船の航行や天気（第七四条二一項）、ならびに一九五九年からは核エネルギー（第七四条一一 - a項）、一九七二年からはゴミ除去、空気清浄維持そして騒音防止（第七四条二四項）にたいして、競合している立法にたいする連邦の個々の規制がある。

折に触れて、たとえば土地として（第一五条）、そして水路や航海のような組み合わせにおいて（第八九条）、そして航空輸送（第七三条六項そして八七条d）、あるいはエネルギー管理や核エネルギー（第七四条一一項そして第八七条c）として、四つの要素が現れる。動物や植物は上述の七四条でのみ全般的に言及される。基本法ではっきりと取り上げられる人間でない生物は魚である（第七四条一一項）。その他には自然は取り上げられない。

それゆえ、たとえばわれわれの基本法においては、以下の内容の条文はみつからない。

人間は動物や植物たちとともに、大地、水、空気そして火とともに自然史から生まれた。人間は人間自身がその一部である世界を特殊な程度で認識し変えることができる。そのさい人間（神にたいしてある、という基本法前文の意味での）には、自然全体の利益を代理として保護するという特別の責任が帰属する。人間の自然との連関においては、自然的共世界（創造物の一部、という基本法前文の意味での）が人間の利益からばかりではなく、自然的共世界自身のためにも（その固有の価値において）顧慮されなければならない。

そのかわりに、基本法において人間が自然に所属するものであることについては、生命と身体を害されないこと（第二条第二段落）ならびに性別、血統、人種に関してだけ語られている（第三条第三段落）。それにもかかわらず、自然を（われわれが十分にそれから身を守られている）災害と（それがまったく消失するまえに、われわれが自然的共世界の一定の部分をわれわれから守る）保護する部分とのあいだに設定し、本質的に自然を資源の形態として知覚することが工業社会の意識にとってはぴたりとくる。このように自然保護と天然資源と自然災害の三性が、支配的な自然との関係をたしかに代表するものであるとみなしていいだろう。

ただし、自然保護は少なくとも自然自身のために重要であると期待されるべきであろう。だが、それについては簡単には語ることができない。もちろん、現在の環境立法は、人びとは基本法にしたがって思いをめぐらすことができるので、それほど非情なまでの人間中心主義ではない。私はあたかも世界の中心がわれわれを中心に回っているかのように形成された法律とともに出発するが、つぎには自然との和解への発展のための出発点を提供する法律へと移行する。

3・2　人間中心主義的環境法

驚いたことに、連邦自然保護法（一九七六年）はまさしく非情なまでに人間中心主義的であるが、七〇年代の環境立法の流れのなかで連邦議会は、この法律をつうじてついに概則だけの立法（第七五条三項）に一致することになった。すなわち、自然保護と景観保存という目標はこの法律にしたがって以下のように制限されている。

自然と景観は……植民された地域であれ、植民されていない地域であれ、以下のように保護し育て発展させなければならない。

1．自然がどこまで耐えうるかというその能力
2．自然財がどこまで利用できるかというその能力
3．植物界と動物界ならびに

4. 自然と景観がもつ多様さ、特性そして美しさを、人類の生活基盤として、また人類が自然と景観のなかでレクレーションするための前提として持続的に保全されているというように。（連邦自然保護法第一条第一段落）

ここで努力の対象になっている人間の生活基盤の保全は、《保全とは別の、自然と景観にたいする社会全体の要請》（同上第一条第二段落）がこの保全に対立しているかぎり、やはりこの要請との比較考量を受け入れなければならない。たいていの場合、それどころか農業や林業は、自然保護の義務を考えるまでもなくまったく免除される（同上第一条、第三、八、七、一五、二段落）。そうはいっても、農業は産業経済の末端を担うものとして、まさしくいまや――もしわれわれが農耕のもつ伝統的諸徳を別の領域のうちに再発見しはじめるならば［農業も他の産業と同様に扱われることになれば］――農業文化という最後の［よき］残り物を放棄することになり、これによって農業はわれわれの自然的共世界にとって主要な危険のひとつになってしまう。

野生の動植物の絶滅危惧種の国際的取引を規制するワシントン野生動植物取引規制条約［絶滅のおそれのある野生動植物の種の国際取引に関する条約］（一九七三年）は、自然保護にとって大きな意義をもっている。しかし、この条約のための基礎づけは以下のようになっている。すなわち、《野生の動植物はその美しさと多様性において、現在および未来世代のために保護するに値する地上の自然体系のかけがえのない構成要素であるということであり》、《野生の動植物のもつ意義は芸術的、科学的、文化的観点ならびにレクリエーションや経済の観点においてたえず増大しているということである。》（同上条約前文、際だたせるために補足されている）この条約はドイツ連邦共和国においては一九七五年に批准された。

自然的共世界が自然保護においてですらその固有の価値において承認されない場合には、それがほとんどのほかの環境保護法にたいして妥当するとしても、それは不思議なことではない。

原子力法（一九五九年）の目的は、原子力利用の危険から生命、健康、財産、国の安全を守ることであるが、それとは別に原子力利用を促進することでもある。この保護は自然的共世界の生命と健康に向けられているのではない。フィッシャーホーフによれば、《財産のもとに〈自由な空気や流れる水〉のような〈公共財〉も含めようとする法目的の解釈ですら除外される。この法の第七、九、一二条によると水、空気、土地はなるほど保護されるべきであるが、それはその保護が人間とその財産の保護に役立つかぎりである。》（Fischerhof 1978, §1 欄外注9）

連邦イミシオーン保護法（一九七四年）は、《有害な環境の作用から人間、動植物、その他の物件を守り、有害な環境作用が発生するのを予防する》（同上法第一条）ことを配慮することになっている。このことに人はまず安堵し、つぎのように考えることができるだろう。すなわち、動物、植物、〈そして他の物件〉――おそらく他の物件とは完全に自然的共世界であろう――は端的にそれ自身として保護されるべきであろうと。だがまったくそのようには考えられない。なぜなら、それは以下のような概念規定にしたがっているからである。すなわち、《この法の意味における有害な環境作用とは、社会全体あるいは近隣にたいして危険、重大な不利益あるいは多大な迷惑を惹きおこすイミシオーン［施設から発生する大気汚染、騒音、振動、光、熱、放射線およびこれに類する現象のこと］である。》（同上法第三条第一段落、強調するため補足されている。）

動物、植物、景観等々が法的意味において存在するのなら、それら自身は社会全体にも近隣にも所属するのではなく、一般的にわれわれを取り囲み、われわれの近くにあって生きているものであろう。それらはたしかにこの法の第九〇条の意味での《物件》としてはいずれの場合も保護されるが、そうであるのは法の反映によってのみ、すなわちそれら自身の権利ではなく、権利を所有している人間だけが主張しうる法の対象としてである。人間だけが法の直接的光のなかに立っており、この光はせいぜいのところ光がわれわれから反射するときに共世界に達するのである。

汚水課税法（Abwasserabgabengesetz、一九七六年）はいかなる目的規定も含まない。しかしそれにたいして水分代謝法（Wasserhaushaltgesetz、一九七六年）によれば、《海洋、湖沼、河川などの水は社会全体の福利に役立ち、全体の福利と合致して個人の利益にも寄与し、それにたいするどんな避けられない妨害も行なわれないというように管理されるべきである。》（水分代謝法第一条a第一段落）ここには個人と社会の争いが見られるが、人間と共世界との争いは見られない。

ゴミ除去法（Abfallbeseitigungsgesetz、一九七七年）によれば、ゴミは同じく《社会全体の福利が妨害されないように取り除かれなければならない。》（ゴミ除去法第二条第一段落）この法に所属しているのは、役に立つ動物、鳥、野獣そして魚は危険に曝されてはならず、水、土地、役に立つ植物も有害なほうに動かされてはならないということであるが、こうした選択はやはり人間の利害の反映にすぎない。

化学製品法（Chemikaliengesetz、一九八〇年）の目的は、《結局危険な素材による有害な影響から人間と環境を守るということである。》（化学製品法第一条）しかし、水、土地、あるいは空気、また植物、動物、微生物のもつ自然的性質を、大きな危険や多大な損失が社会全体にたいしてもたらされるほどに変更を加えることになる素材だけが、危険な素材と見なされる。（化学製品法第三条第三n項、強調のため補足されている。）

　これらすべての法律が非情なまでに人間中心主義的であるという印象のもとでは、もっぱら人間の利害にもとづいて考えられたのではないわれわれの共世界にふさわしい法律を、いつか与えることができようなどとは、誰も期待しようとしない。しかしながら、さまざまな例外もあり、そこにおいては法律の照らす光が人間を反映したものばかりでなく、もしその光がより強く輝くなら、われわれから跳ね返りあるいは少なくとも跳ね返るであろう自然的共世界の領域を照らしている。

3・3　環境立法における進化の兆し

とりわけ、バイエルン自然保護法（一九七三年）は注目に値する。それは第一条第二段落において連邦自然保護法を超えて自然保護と景観保護のより進んだ原則として以下のことを定める。

1. できるだけ自然に適った多様な景観が配慮されるべきである。
2. 均整のとれた自然を維持管理するために必要であり、あるいはその美しさ、特性、希少性あるいはそのレクリエーションのための価値によって傑出している景観の諸部分は、建物を建てることから防護されるべきである。
3. 開発は自然と景観に適応すべきである。交通基盤やライフライン（Versorgungsleitung）は景観に配慮して作られるべきである。
4. 水辺の維持管理および整備にさいしては、植物や動物のための生活空間が保障されなければならない。
5. 野生植物や野生動物の生活共同体や生活空間は保護されなければならない。それらは可能なかぎり、回復されるべきである。場合によっては、原産の野生植物や野生動物はふたたび定着させるべきである。

以上のすべてはあきらかに有用性の観点のもとでだけ考えられているのではない。そのうえ、この法の第二条においては、自然保護が国家、社会ならびにすべての個々の市民にたいして義務づけられた課題であることが表明される。それにもかかわらず、ライン－マイン－ドナウ運河のようなプロジェクトが実施されるのではあるが、それはこの法のせいではない。

さらに一九八四年には、環境保護がバイエルンの憲法で国家目標として採用された。これはドイツではじめてである。そのさいに、《バイエルンは法治国家、文化国家、社会福祉国家である》という第三条は、《国家は自然的生活基盤と文化的伝統を守る》という項で補完された。第一三一条第二段落の教育目標にも、自然と環境にたいする責任意識の涵養がつけ加えられた。これらの表現は人間中心主義的ではない。だが残念なことに、将来の解釈のために決定的に重要である憲法改正の根拠づけの部分で、《自然的生活基盤》がふたたび《人間のための自然的生活基盤》へと狭められてしまった（バイエルン州議会印刷物 10/2651）。

バーデン＝ヴュルテンベルクの州自然保護法（一九七五年）のなかにも同様に、《野生の動植物界にふさわしい生活空間を維持すべきである。個別的な動物種や植物種の絶滅にたいして有効に対処しなければならない。》（同上法第一条第二段落）という自主的な目標がある。それにたいして、自然保護はこの本来の意味においては、人間のレクリエーションと人間の生活基盤維持に役立つかぎりにおいてのみすべてのものは維持する価値があるという、それに対応する連邦の概則法（上記参照）のうちに制限された。

なるほどバーデン＝ヴュルテンベルク州の目標は、同法の第一条の第一段落においても保持されており、二つの段落はおたがいに同等の権利を有し、これらの段落から結果として生じる要求がぶつかりあったとしても、人間の欲望に最初から優越が与えられるべきであるとは考えられなかった。

それゆえにここには、人間の利益がそれとの関係において設定されるべきである動植物界固有の利益が、潜在的に承認されている。

植物保護法（一九六八年、改訂版一九七五年）も完全には人間中心主義的ではない。なぜなら、この法は《有害生物や病気から植物を守る（植物保護）》（植物保護法第一条第一段落第一項）という目的と、《植物処理手段の適用にさいして……人間と動物の健康にたいして発生するかもしれない損害を回避する》（同上法第一条第一段落第四項）という目的とをもっているからである。この法の意味での植物は農業上の作物植物ばかりではなく、《現存の植物および果実や種子を含めた植物の生きている部分》（同上法第二条第一項）でもある。

ただし、私の知るところでは従来この法律では、作物植物のための植物予防剤から野生植物を保護することにたいして、配慮されなかった。《植物保護、とりわけ化学的植物予防剤の使用とともに、人間と動物の健康ならびに自然を維持管理することにたいする危険が生じうるということ》が、植物保護法のために連邦政府が作った修正構想（一九八三年）の基礎づけにおいて、明確につけ加えられる。その構想は《植物予防剤の使用によって……自然の維持管理のために起こりうる危険を避けること》（同上法第一条第四項）が、いまやその法の目的となることによって傑出している。その基礎づけによれば、自然の維持管理（Naturhaushalt）のもとに《土地、水、空気（非生物的環境）ならびにすべての種の植物と動物（生物的環境）の影響構造が理解》されるべきである。これこそ実際に進歩であろう。

おそらく連邦イミシオーン保護法もまた、動物と植物の利益を考慮することを完全には妨げられていない。なぜなら、《この法律におけるイミシオーンは、人間ならびに動物、植物あるいは他の物に影響を及ぼす大気汚染である》（同上法第三条第一段落）から。また、政府構想の基礎づけにおいては第一条には《前記の基礎づけは、その意味を酌めば動物、植物あるいはその他の物がイミシオーンによって惹きおこされた障害によって脅かされている環境危機にたいして適用される》（Ule/Laubinger1978、にしたがって引用）と言われている。しかしここではそれにもかかわらず、水を汚したり、動物や植物を大気汚染によって傷つけることがもちろん刑法典によって禁止されているように、人間の所有に関してもふたたび法的に反省することが重要であろう。

それにたいして、自然的共世界の非人間中心主義的主張の真のパイオニアとしての成果は、動物保護法（Tiersschuzgesetz、一九七二年）である。なぜなら、《この法は動物の生命と健康の保護に寄与する。誰も理性的理由なしに動物に痛みや苦しみや害を与えてはならない》（動物保護法第一条）からである。たしかに、それに引きつづいて、立法者の理解によって動物に痛みや苦しみや害を与えることが十分に理性的であるさまざまな理由が認められるのだが、そうだとしてもそれについての比較考量で、理性的な要求を認めることによって人間の利益が優先することが固定化されるようなことはなかった。もちろん、動物の利益にたいして人間の利益を貫徹させるためにいかなる理由が理性的なものと見なされうるかは、議論の余地を残している。

動物保護法において人間中心主義的原理を突破する根拠は、以下の点にあるかもしれない。すなわち、われわれは普通にはとくに脊椎動物——法律の保護はこれに向けられているのだが——を、その共同的地位を完全に拒むことはできない類縁関係にあるものとして、感じざるをえないという点である。こうして連邦憲法裁判所も立法者にそうであることを証明するなら、一九七二年の動物保護法は《人間の監督にその身を委ねている生物にたいする人間の共同責任という意味で、倫理的に整理された動物保護という根本構想》にもとづく。

基本法の意味における《倫理的動物保護》は、それについての法注釈(Lorz 1979)にしたがえば、《人間中心主義的動物保護》(同上、30以下)と明確に対立する、動物自身のための動物の保護としてである。ただし、ロルツもまた《倫理的動物保護という分類は、徹頭徹尾人間と人間の利益に合わせられた法秩序においてはある体系的困難をもたらす》(同上、68)が、動物保護法はすでに《感情に訴えるという仕方で人間に関係づけられた保護と、被造物そのものは絶対に保護されなければならないという意味での保護との境に》(Maurach 1969, 389. Lorz は同上69)立っているとも述べている。

動物とのパートナーシップの感情はおそらく、動物保護法がきちっと遵守されるところまで進まないだろう。なるほど動物保護法の第二条はつぎの規定とともに始まる。

動物を保護し、世話し、あるいは世話しなければならない人は、

1. 動物にたいしてそれにふさわしい特有の飼料や飼育、ならびに活動に適した施設を与えなければならない。

2. 動物がもつ特有の運動欲求を持続的に制限してはならないし、また動物に回避可能な痛みや苦しみや害が加えられるようにその運動欲求を制限してはならない。（動物保護法第二条第一段落）

しかし、たとえばいわゆる鶏が一羽ずつ入る産卵用鶏舎は、疑いもなく活動に適した施設と認めることはできないし、とりわけ鶏はジュンケイ目であり、またこうした隔離された鶏舎を作る斜めに傾いた針金格子の上に立つことはできない。檻のなかには多くの鶏が、おのおのの鶏が平均でドイツ工業規格Ａ４紙の三分の二の大きさの面積を自由に使うように（新聞二頁に十羽）共同で入れられている。フランクフルトの上級地方裁判所は一九七九年にこうした状況に対応して、産卵鶏を檻に入れることは、もう十分に動物虐待であるという判決を下した。そうこうするうちに、科学的な専門家による判断も同じ結果に達した。だが残念ながら、鶏にたいする扱いはいままでと何も変わらなかった。いかにしてそれは可能なのか。

問題は、法が平等かつ確実な根拠にもとづいて遂行されうるためには、動物保護において要求される役に立つ動物の活動に適した施設が、具体的されることが必要であるということである。この理由から、連邦農業相は動物保護法第一三条で、その条件に照らして活動に適した施設や動物にふさわしく運動ができること等が、保証されているものと評価されることになる法規命令を出すことによって、「動物保護の」実行を迫る権利を与えられた。この法規命令が存在しないかぎりは、動物保護法は卵工場あるいは鶏肉工場の経営にたいしてほとんど法を執行できないのである。従来公共的議論ではほとんど注目されることがなかった牛や豚の飼育に関しても、同様の虐待があると考えられる。たしかに、産卵用鶏舎の経営者にたいする動物保護論者からの告発が、動物虐待の客観的実態を認めた一連の判決へと導いた。しかし裁判所は、自分たちの活動が違法であるという意識を欠いていた動物飼育を大目に見たのである。ダルムシュタット地方裁判所の判決は、一九八三年秋にはじめて大目に見ることなく、当局が認可するために必要な弊害除去対策を勧めた（Loeper 1984による）。

しかし農業相は、一九七二年から必要な命令を公布していなかった、それゆえ――権限がなかったとしても――〔動物保護は〕たしかに意識的に先延ばしされたのである。これはつぎのことを意味する。産卵用鶏舎が動物虐待であるかどうかという問題の科学的研究が、その基礎づけのためにきわめて長い時間を必要としたということである。また連邦参議院はいくつかの草案を拒否したし、ヨーロッパ共同体の統一規則ができるまで待たなければならなかったのである。しかし、農業相は動物虐待がもたらす経済的利益も動物保護がもたらす利益も等しく同程度に配慮することなどできない、ということが事実である（2・3）。農業省の二人の政務次官の一人は、一九八三年一月二七日にテレビ放送で《国会で自然保護と動物保護を充分に考慮しなかったのではないかという思い違いした考えは、完全に間違っている》と淡々と説明した。

しかしながら引き合いに出された例は、人間中心主義的世界像を打ち砕くことが、その政治的意志だけでも存在するなら、現在の法的状況でもすでに可能であるということを示している。そのほかに、［政治に］先行した分析が一連の出発点を生みだしたと言ってよいが、ここからのみ、司法による判決の進展をつうじて徐々に自然的共世界の固有の価値も承認されうることになるのである。

3・4　基本法には生態学的均衡はなく、経済的均衡だけがある

現在の環境立法においては人間中心主義が幅を利かせているが、これは基本法のなかに、われわれが所属している全体の生命連関としての自然が存在しないという事実に対応している。環境法一般がわれわれの憲法から基礎づけられうるかぎり、これはやはり人間中心主義的基礎づけが最も可能であろう。だが法学においてはこうした基礎づけすら、なるほど国家は環境の保護に権利を与えるが、それはいささかも義務づけられてはいないとして異論が唱えられているのである。（Kloepfer 1979, Kimminich 1979, Rauschning 1980）

［私とは］反対の見解は憲法において、人間の尊厳は不可侵であり（基本法第一条第一段落）、各人は生命の権利や身体を損なわれない権利をもち（同上第二条第二段落）、所有は保障される（同上第一四条第一段落）という基本権を引き合いに出すことができる。ハルトコプフとボーネは、《ドイツ連邦共和国は……民主的で社会福祉的国家》であるという基本法第二〇条の適切な解釈をつうじて、一連の

著者たちを引き合いに出しつつ、環境保護は憲法レベルの国家課題であると推論する。

環境問題を……斟酌している基本法第一条、第二条と結びつけて社会福祉国家原理（基本法第二〇条第一段落）を解釈すれば、以下のようなことになる。すなわち、環境保護は憲法で約束された国家課題を表現しており、……社会福祉国家の原理は国家にその国民の共同の生活条件を維持する義務を負い、……共同の生活条件の構成要素として……自然的環境の維持もある。しかもそれらは二つの観点で。まず、生物としての人間は一定の状態の水、空気、土地ならびに植物や動物に依存している。つぎに、人間の社会生活の諸前提――たとえば、経済的仕組みが機能するための能力のような――は天然資源の獲得に依存している。……人間がこのように二重の自然的生活基盤の維持獲得に依存していることから、憲法レベルでもっている社会福祉国家原理にしたがって、環境保護という国家課題が生じる。(Hartkopf/Bohne 1983, I. 74)

二人の著者はこうした基礎づけがもつ人間中心主義にいかなる問題点も見ない。なぜなら、《われわれの法秩序は人間中心主義的な価値尊重にもとづいているからであり》(同上 I. 72)、われわれの自然的生活基盤維持のための義務は、彼らの考えによれば、《現在と将来の人間の幸福にたいするわれわれの責任から》生じるからであり、《それゆえ、環境保護はけっして自己目的などではなく、人間の幸福から導かれるのである。》(同上 I. 63 以下)

上述にしたがえば、これまで私が詳しく述べてきた基本法のなかで環境保護を考慮するための提案が、これまで私によって提案された条項のいかなる部分でもあらかじめ意図されているのではなく、ただただ〈人間中心主義的価値を重んじること〉にもとづいているのだとしても、驚くにあたらない。だが議論のなかでは、一方で国家に対立している国民――自然的共世界にではない――に環境保護を要求することになる環境基本権導入があり、他方では基本法に環境保護を国家目標として採用することがある。

環境基本権は第二条（人格の自由な発展ならびに生命と身体を侵害されない基本権）に第三節としてつけ加えられたかもしれない。［もしそうなら］それは以下のような内容であろう。すなわち《各人は、その自然的基盤が国家権力の特別な保護のもとにある、人間にふさわしい環境のなかで生きる権利を有する。詳細なことは専門的知識にしたがって法によって整えられる》（Steiger 1975, 74）と。一九八四年に緑の党の議員団によって別の提案がなされた。それによれば、第二条の三節に以下の文言、すなわち、《おのおのの人間は健全な環境への権利とその自然的生活基盤を維持する権利をもつ》が付加されなければならない。

私は以下で（12・4）人間にふさわしい健全な環境にたいする基本権のかわりに、故郷（Heimat）への権利を提案するであろう。

ハルトコプフとボーネは環境基本権を憲法に導入することにいかなる機会も与えない。なぜなら、もし国民が完全無欠な環境への権利を行政裁判所にたいして請求しようとするなら、国家はそれによって否応なく悪い状態に引き込まれかねないからである。それにたいして、彼らは――バイエルンにおけるような――国にとって適切な国家目標規定であったら、現にある法状態のいかなる変更も必要ないので、この規定を、政治的に意義深い環境保護を支援するチャンスであるとは見ているのである。国家目標の規定は、国民が請求することができるそれ相応の権利を国民に与えないで、国家に義務づけるのである。

環境保護が少なくとも明白に憲法レベル、国家体制レベル（Verfassungsrang）の国家課題として承認されるならば、工業社会がもつ自然忘却性をまさしく不合理に延長するような珍事は、いずれにせよ憲法や国家体制からなくなるであろう。基本法においてはあきらかに国家にたいして経済全体のバランスを維持することが課せられているが、経済と環境との生態学的バランスの維持は課せられていない。ハルトコプフとボーネもその点を指摘している。そのうえ、経済全体のバランスの維持は支配的な考えにしたがえば、国家は基本法によって経済的な成長を配慮するという課題をもち、それゆえ――それは従来の様式の成長という意味であるので――環境破壊へとまさしく義務づけられているということを意味している。

ハルトコプフとボーネにたいして、一九八三年秋に提出された《国家目標決定／立法指示（Gesetzgebungsaufträge）》のための専門家委員会（委員長 E. Denninger）の報告は、以下のような結果にいたっている。すなわち、《自然的生活基盤の満足のいく保護は、……現行憲法では保証されておらず》（Denninger 1983, 欄外番号 142）、しかもそれがわれわれの社会の自己利益になるとしても保証されていないと。その著者たちは、以下のような内容となるはずである基本法第二〇条第一節を拡張することによって、その問題に対処することを提案する。

> ドイツ連邦共和国は民主的で社会福祉的連邦国家である。ドイツは文化と人間の自然的生活基盤を保護し育てる。（同上、欄外番号152）

さらにこうした解釈に適合している基本法第二八条第一節がつけ加わる。委員会の理解によれば、環境保護の命令は社会福祉国家の原理のうちにはまだ含まれていないのだが、それにもかかわらずこの命令は社会福祉国家の原理と同じランクに置かれるべきであろう。

> 多数者の見解によれば、環境保護においては任意の国家課題が問題になっているのではなく、すでに基本法第二〇条第一節において規制された基本的国家目標、とりわけ社会福祉国家原理と同一の段階に置かれなければならない社会生活の重要な諸前提を保全することが問題になっているのである。社会福祉国家原理は社会的共同生活の社会福祉的要求を描写しており、それゆえ結局は人間と社会の諸集団とのあいだの公平を実現しようと努めるのにたいして、《環境保護》という国家目標規定は、すべての社会生活のための前提を形成する人間の自然的生活基盤の保全をめざすのである。基本法第二〇条第一節に［環境保護という］国家目標規定を配置す

ることは、この規定を高位に位置づけることになる。（同上、欄外番号153）

自然環境に工業社会的にかかわることを、ただ社会福祉国家原理にもとづいて規制しうるとは、委員会は考えないのであるが、委員会がそのように考えないからといって、それが人間中心主義的世界像からの脱出と解されてはならない。《環境の保護は環境自身のために行なわれるのではなく、自然や被造物にたいする人間の倫理的責任を顧慮して行なわれるのである。環境はむしろ社会生活のための生物学的・物質的前提であるから保護されるのである。》（同上、欄外番号155）その基礎づけは以下のような内容である。

基本法は人間の尊厳、保護そして権利をその保証の頂点に置き、それによってこれが国家政策のためのガイドラインであるべきであるという認識を与える。国家目標規定を考えるとき、このことが人間から出発する見方を制約している。環境は固有の権利から憲法上の保護の対象でありうるのではなく、人間の生物学的・物質的生活基盤だけが保護の対象でありうる。人間はその生活圏のうちで保護されうる。（同上、欄外番号144）

人間が長期間生きるために必要な環境財の最低限の在庫がどれくらいか知らないことを顧慮して、《環境財の人間へのなんらかの連関というものが存在し》、それゆえに《是が非でも動植物界や自然の維持管理は憲法上の保護のうちに取り入れられるべきである》（同上、欄外番号144）ということで満足することに、委員会はなるほど実質的に賛成を表明しているのである。後に潜んでいる核となる言説をこのようにやわらかく包み込みつつ、ここでは自然と被造物にたいして責任を負うということは人間の尊厳ではない、ときっぱりと主張されているのであって、これを思い違いして「委員会は自然に責任を負うことが人間の尊厳であると考えていると誤解して」はならないであろう。このように、自然的共世界にたいするわれわれの関係においては、いっさいは前提された人間像に依存するということはあきらかである。私はこれについて5章でふたたび取り上げる。

私は、環境保護という国家目標規定が、ハルトコプフやボーネにおけるように人間中心主義的に基礎づけられるかぎり、環境保護はほとんど社会福祉国家原理から展開されうるという印象をもっている。私が専門家委員会の意味で、正しく望ましいものとしてみなしているものが基本法改正によって成就されることになるなら、その改正は人間中心主義的に基礎づけられることにはならないであろう。社会民主党がこの意味での進んだ提案を一九八四年春に行なった。それによれば、基本法第二〇条に人間への特別な連関なしに、つぎの一文がつけ加えられるべきであった。《自然的生活基盤は国家の特別な保護のもとにある。》このように人間の尊厳が委員会とは別の仕方で理解されるならば、基本法第一条もまた、自然的共世界の保護の非人間中心主義的基礎づけへの出発点を提供している。

3・5　浄化された人間中心主義とは

基本法第一条第一節「人間の尊厳は不可侵である」を非人間中心主義的に基礎づけることは、私の知るかぎりいままでは主張されてこなかった。しかしながら、私が5章で基礎づける自己理解によれば、人間が共世界にたいする責任を共世界自身のために負わないのなら、人間は人類史における自然の意図も、また人間のキリスト教的規定も捉え損なっているのである。さらに言えば、この責任を正当に評価することは人間の尊厳に所属し、同じく義務を果たさないことは人間の尊厳を損なう。したがって、人間の尊厳の不可侵性を要請することが正しく理解されるならば、環境保護の非人間中心主義的基礎づけですら基本法から行なうことが可能であろう。

隣人の尊厳を尊重することが人間の尊厳に属するように、自然的共世界をそれ自身のために尊敬することは、ひとしく人間の尊厳の規則ではないのか。共世界をたんに物質として扱うことは、個人的利己主義と同様に人間にふさわしくないであろう。まず利己心にもとづいて扱うことは、やはり原則的に人間にふさわしくないであろう。それにもかかわらず人間がそのように扱うとすれば、人間はそのことで苦しむかもしれない。

したがって、人間中心主義的世界像には、けっして真の人間的生は存在しない。われわれ以外の世界がわれわれにとってよりほかには存在しないかのようにわれわれが生きるならば、われわれはわれわれの存在の意味も、したがって人間の尊厳も見誤っている。そのように生きることは、非人間的である。

> 人間は現在の人間中心主義的見方を越え、生けるものの豊かさこそ価値そのものであるということを尊敬できるようになるときにのみ、すなわちいつものように宗教的に基礎づけられた自然にたいする関係においてのみ、人間は長い目で見て人間の人間らしいあり方のための基礎を確保できるようになる。(Spaemann, 1979, 491)

と、こうした論証方向でロベルト・シュペーマンは推論している。シュペーマンは自然全体の立場から考えないので、もちろんこれは《非機能的［人間中心主義的］思惟の機能的［非人間中心主義的］論証》(同上 1979, 268) にとどまっている。

こうした立場は人間中心主義的ではない。しかし、この立場は、表1の5段階の人間中心主義的倫理に拘束されていながら、あたかも人間には8段階(すべてのものの顧慮)に見あった行為が所属しているると、人間存在が理解されるかのようにも主張されうるのである。その場合たしかに、自然的共世界はわれわれの行為においてわれわれのためにのみ考慮されるべきであるが、われわれはわれわれ自身に、自然的共世界をそれがもつ固有の価値においても考慮しなければならないという義務を負っているのである。このような〈浄化された人間中心主義〉は最も美的に基礎づけられうるのである。

美は人間の基本的な根本欲求であり、日常の美的感覚のなかにもある。この欲求はたいてい十分には教養育成されず（11・6）、工業社会の醜さによってゆがめられる。しかし、

われわれがわれわれの自然環境の破壊をゆがめられない目で考察すれば、われわれはわれわれの環境を害するいっさいのものが醜いということに気づく。美にたいする感覚は、自然においては何が許され、何が許されないかを教えることができる能力である。われわれはわれわれの美的器官のなかに、われわれの合理的思考がもっている粗っぽいメカニズムにとっては複雑すぎる交互作用や体系構造を把握できる、信じられないほど感受性の強い道具をもっている。

(Picht 1974, 710 以下)


テネシー川の小さなペルカ［スズキ科］もユトランド湿地のアマガエルも、世界の美的完全性に所属している（2・5）。

われわれには、自然的共世界はわれわれ自身によって美しいのではなく、それ自身で美しいということを見いだそうとする美的欲求があるように思われる。この欲求は、以下のような形式をもつことができる。たとえば、他の種がそれ自身の生活を送っているそのことがわれわれの喜びであるから、われわれは他の種——たとえそれらがわれわれに有用でないとしても——の維持を願うので

ある。つねにすべてのものを自分からだけ見ないということが、人間の本分に属するのと同様に、まさしく利己心によって曇らされ［ない］ことが物にたいする喜びの特徴である。

人間の本分を損なわないということが人間の利益であるかぎり、浄化された人間中心主義の意味で、いっさいのものをかならずしもわれわれのためにのみ正しいと認めないことがわれわれのために必要であるという要求は、正当である。私はこれに同意できる。だが、そうなると利他主義もまったく同様に利己主義の最も下位の形式を意味するものになる。すなわち、他者を助けることが人間に生来そなわった欲求であるなら、人間は自分自身のために満足を得させる利己主義から他者を助けるのである。こうした論証によって消し去ってはならない［利己主義と利他主義の］区別がぼやけてしまうということは明白である。

利己主義あるいは人間中心主義がもつ自己中心性が、われわれの行ないかつ思惟するいっさいのものが人間によって行なわれ、思惟されているという自己存在（Selbstsein）と、取り違えられることによって、混乱が生じる。［自己存在は主体的に思惟し行為する実存的存在であり、利己主義的人間の対極にある。ハイデガーは自己存在と利己主義的人間を峻別し、後者を否定的に「ヒト」（man）と規定した。］こうした一般的意味では、いかなる人間も自分の殻を破ることはできない。われわれは何のために殻を破ることができるのだろうか。われわれに興味を起こさせるものは、われわれが［肉体をもった］人間でないかのようにいかに行為すべきかではなく、われわれは［肉体をもち、世界のなかで生きている］現に存在する人間としてどのように関係することが最も正しいことなのかということである。しかしこのようにわれわれが人間として現に存在しているということのうちに、私が表1で区別した他の諸々を考慮するさまざまな可能性があるのである。この表の仕組みのなかで利己主義（1段階）は、多かれ少なかれなんらかの利他的立場（2－8段階）とは明確に異なっている。人間中心主義はまったくすべてのものにたいする考慮と対立関係にある。

例を示そう。ある植物を育てる人が、これを行なうのは

――自分の利益からであるか、彼が考慮する他人のためであるか、

――あるいは植物自身のためか。

私はわれわれが原則的に植物のために育てるべきであるということを支持するが、そのことは自分の利益あるいは他人の利益がそれにさらにつけ加わるということを排除しない。私と同様に考えるが人間中心主義的世界像に固執したい人びとは、それにたいしてわれわれはその植物を人間自身の利害にもとづいて、植物自身の価値において維持すると語る。われわれはそれ自身の価値においてもその植物を考慮する責任がある。

私は、他の生物をその固有の価値において尊敬すべきであるということが、一般的に近代の意識、とりわけ主観性の哲学にとっては実際不当な要求であることを認める。私は8章で、すべての人間が少なくともいくつかの国で等しく人間として承認されるようになるまで、人類の内部でもこうした近代の意識は続いたのだということに注意をうながすだろう。こうした［近代啓蒙主義に代表される近代哲学が行なった］平等な共同体形成を自然的共世界に拡張することは、長く続いてきた意識を変

えることを必要とする。それゆえにやはりさしあたっては、人間中心主義の旗のもとに必要な欠陥の除去を求めるほうがよりよいのではないだろうか。

政治的妥協は、――妥協においては特定の自己中心性が、人間の普遍的な自己存在から容認されることなく正当化されるという反論にもかかわらず――すべての必要なことが人間中心主義の旗のもとに行なわれる場合には、正当化されるように見えるかもしれない。しかしこの反論は考慮にいれられないであろう。すなわち、本来人間中心主義的ではない行為を人間中心主義的に変装することは、私見によれば政治的に以下のことへと導く。すなわち、

――われわれのためではあるが、かならずしもすべてのものをわれわれのためにのみ認めるのではない浄化された人間中心主義はたちまち、すべての美的感覚は通用せず、世界はわれわれのために、すなわち産業経済のため以外には現存しないという、従来の政治が立っている浄化されない人間中心主義へと括られる。

――すべてのものをかならずしもわれわれの立場からだけ見ないという、この環境政策のために必要不可欠な欲求が、政治には応用されない。

それゆえに、政治的な重みを私流に評価すれば、浄化された人間中心主義は、環境政策的にはせいぜい浄化されない人間中心主義を正当化することに役立つにすぎない。すなわち、非人間中心主義的政策を人間中心主義的に装うことは、政治的にも哲学的にも道を惑わせるのである。

たとえ哲学者は、すべての環境保護は結局人間の利害の問題であるなんてことは言わないにして

も、それはただちにそういうことを意味するであろう。だから結論は、それゆえにわれわれは環境保護においてはやはりわれわれ自身の利益を求めてもよいのだ、ということになるだけである。こうして、われわれの利益は何であるかについて、もちろんわれわれは哲学者から指図を受けたりはしないだろう。

4章　自由と必然——人間中心主義的世界像の哲学的批判

人間中心主義的世界像においては、われわれはわれわれとともに存在するいっさいのものをわれわれ自身からだけ見る。その結果、共世界は人間のたんなる環境へと縮んでしまう。私の考えによれば、この世界像は間違っている。どの程度まで、この世界像がこれまでの環境政策の失敗に共同責任を負っており、そのかぎりにおいて政治的に間違っているかを、私は二つの先行する章で研究した。だが、それ以上に哲学的かつ神学的にその根拠がしっかりしているわけではない。私はこうした批判をふたたび、私によって提案された新たな可能性（Alternative）、すなわち自然中心主義的（physiozentrisch）世界像による自然との和解へ転換させるように導く。

人間中心主義的世界像が正当化できるかどうかを点検するとすれば、神学的に点検するのが最も簡単である。なぜなら、各宗教は人間が誰であるかという問いにたいする答えを与えるからであり、またその答えには、人間にとって自然的共世界との適切な関係がいかにあるべきかという規定も所属しているからである。それゆえに、われわれは宗教がもつ人間像を、人間ではないいっさいを超えた絶対的支配者と比較しさえすればいい。キリスト教にたいしては以下の章でつぎのような解答が提出される。すなわち、人間には世界にたいするいかなる無制限の支配の資格もなく、すべての創造物はキリストによって作られており、人間によって作られたのではないという解答が。私は、人間でないすべてのものが存在するのは人間のため以外の何ものでもないという人間像をもついかなる宗教も知らない。とりわけ、工業社会の自然への関係は仏教的にも正当化されえないのである。

人間中心主義の哲学的批判は、神学的批判ほど容易なことではない。哲学的批判においては、批判がそこから始まる堅固な規範的根本命題があるのではなく、コンセンサスが新たに形成されなければならない。なるほど吟味の対象は両者ともより先に承認されたものとの首尾一貫性であるが、哲学的分析においては新しい分析のために前の分析が捨てられるということもありうる。

哲学的な首尾一貫性にとってとくに重要であるのは——プラトンを手本にすれば——われわれがいままで真とみなしているもの、あるいはわれわれにとって生の制約であるものについての《想起》（アナムネーシス）である。哲学的なアナムネーシスの古典的例はプラトンのイデア論である。すべての人によく知られ、人間存在にとってきわめて重要な感覚的事物の知覚の可能性は——それと同様によく知られたきわめて重要な言語による了解の可能性と同様に——、われわれが言語と知覚においてこれまでずっとイデアを前提にしているということにもとづいている。こうしたイデアの存在こそ、それ以来哲学の根本テーマである。

以下の章で考察される自然中心主義的人間像、これを私は支持するのだが、この人間像が自己の正当性を主張し、哲学的想起においておのずから実在的諸表象と結びつくかぎり、この人間像はさらなる論証の手助けを必要としない。しかもさらに、自然に所属していることが人間の根本的構造であることが考慮されるとき、これを吟味すれば人間中心主義的世界像は持続不可能になるという結果を生みだす。このアポリアを解明することが、実践的自然哲学への建設的移行であることはあきらかである。

私は右で述べた人間中心主義的世界像の持続不可能性を、一方で自然の社会的現実に関して（4・2／3）、他方で物理学に関して（4・4）示すことになろう。私の出発点は人間中心主義のためにしばしば主張されるカントの論証である（4・1）。カント倫理学は今日人間中心主義を上まわる可能性があるということが結果として生じる（4・5）。私は以下でこうしたことを手がかりに論を進めていく。

4・1 カント――人間は人間にたいしてだけ義務を負っているか

人間中心主義的世界像においては、人間だけが倫理的に重要である。すなわち、人間と人間のつき合いにたいしてだけ、人間はかくかくしかじかにかかわってはならないという倫理的規則が妥当する。人間以外の共世界とのつき合いにたいしてはそのような規則はあてはまらない。しかしながら、共人間的［人間対人間］倫理の光は、われわれがかかわっている事物や生物に関してもある限界のなかで、すなわち事物や動物とのつき合いが共人間的なもの［人間と人間の関係］にかかわるかぎりにおいて、あてはまる。そうした考えによれば、二三の生物や人間にたいして直接的かつそれら自身のために倫理的配慮を行なうことは、その他の生物やその他の世界を間接的およびそれ自身のためにではなく、人間のために配慮することなのである。

イマヌエル・カントはこの意味で、なにものかに《たいする》（gegen）義務と、なにものかに《関する》（in Ansehung von）義務とを区別する。彼のテーゼは『人倫の形而上学』II部の《挿入章》にある。それは以下の内容である。

> たんなる理性にしたがって判断すると、人間は人間（自分自身ないしは他者）にたいして以外にはいかなる義務ももたない。……人間が他の存在にたいする義務と思いこんでいるものは、ただ自分自身にたいする義務である。人間は他の存在に関する義務を、この存在にたいする義務と取り違えることによって右のような誤解へとそそのかされるのである。（『人倫の形而上学』Metaphysik der Sitten, A 106f.=IV.578）

これはつぎのような意味である。われわれがもし他の生物にたいして義務をもっていると思うならば、それは誤解にもとづいている。その誤解は、われわれが他の生物と（それらの現存在に《関して》）かかわりあう間接的義務を、この生物にたいする直接的義務と取り違えるという点にある。たとえばカントによれば、動物虐待の放棄は動物に《関する》義務にすぎないが、動物への共感を鈍感にさせないように強制することはわれわれ自身に《たいする》義務である。動物を虐待する人は人間の苦しみにたいしても鈍感になり、その結果動物虐待は隣人にたいするわれわれの倫理を弱いものにするであろう。

> 長いあいだ働いてきた（同居人のような）馬や犬の働きにたいする感謝ですら、［カントによれば］間接的な人間の義務、すなわちこの動物に関する義務に属する。しかし直接的に考察すれば、それはつねに自分自身にたいする人間の義務にすぎない。（同上、A 108=IV579）

それゆえ、隣人にその人の花を育てると約束する人は、カントによれば花に関して隣人にたいする義務を引き受けるのであり、花にたいする義務を引き受けるのではない。だから、隣人は花の飼育を期待するという権利をもつが、けっして花自身が飼育への権利をもつものではないのである。人間に関してだけ、そして人間自身のためにだけその行為にたいする倫理的諸規定があり、それにたいしてこの諸規定が人間以外の共世界に関して、そして共世界のためにあるのでないのなら、この点では人間中心主義的世界像は正当化される。だがそのことからたしかに、工業社会による自然的共世界の搾取が許されるなんてことは結論として出てこないであろう。なぜなら、カントによれば環境保護はおそらく人間の自分自身にたいする義務に所属するであろうから。しかるにカントによれば、自然との和解はやっぱり人間の自分自身との和解にすぎないだろう。

われわれが自然的共世界をわれわれ自身のために顧慮するのか、あるいは自然的共世界自身のために考慮するのかどうかは、私の考察の進展にとっては決定的に重要である。それゆえに、義務はつねに人間にたいする人間の義務だけでありうるということに、いかなる理由で賛成し、とりわけカントがそれにいかなる根拠を挙げるかが問題である。私は彼の基礎づけを手短に追跡し、――現在、自然との和解にとって特別な意義を獲得している――この立場［義務は人間の人間にたいする義務だけであるという立場］において、カントがその立場を簡単に基礎づけうるというよりも、むしろ主張している［だけである］ということを示すだろう。私は以下の章でそれにもとづいて展開していくことになるある解釈において、カントと出発点を共有するが、人間中心主義的な付加物は共有しない。

カントによれば、われわれ自身にたいする義務は実践的な、すなわちわれわれの行為にかかわる理性によってわれわれの自由意志が規定されることである。たとえば実践理性は、ある与えられた状況のなかでしかじかのことを為すことがわれわれの義務であるとわれわれに語り、このようにしてわれわれが［為そうと］欲すべきものを《規定する》。その場合なるほど、われわれはかならずしもわれわれが為すべきことを為すのではない。なぜなら、理性によるわれわれの意志の規定はいずれの場合も、それらの規定をそれら以外の規定要素に反して徹底的に押し通すほどには強くないからである。しかしながら、われわれは自由な人間であるから、われわれの行為にかかわる意志を形成するときには、少なくとも実践理性によるわれわれの意志の規定に場所を与え、それにしたがって理性的に行為することができるのである。

それゆえカントは、理性的に行為することを人間の自己自身にたいする義務と名づける。なぜなら、それ〔理性的に行為すること〕以外の場合には、われわれは人間として為すべきであろうことを為すのではないからであり、この意味では人間性の規範は満たされないであろうから。実践理性の規定に違反する人は、人間を人間となすものを欠いているのである。そのようにわれわれは理性のうちに人間像と、われわれの人間性のたんなる人間的尺度にすぎないのではないわれわれの同一性を見いだす。

実践理性によるわれわれの意志の規定が個々にはいかなるものであるかは別の問題である。それにたいするカントの普遍的返答が道徳法則（Sittengesetz）である。《汝の行為の格率が汝の意志によって、あたかも普遍的自然法則となるであろうように行為せよ。》（『人倫の形而上学の基礎づけ』Grundlegung zur Metaphysik der Sitten, A52=IV.51）道徳法則が個々に何を意味しているかは倫理学の根本問題であるが、ここではそれは一般的に扱われえない。

単純でつねに問われるに値する問いにたいするカントの返答は、道徳法則を守ろうとする人は――義務となっているものを為すべきであるということだが、これにしたがってそしてこの意味で理性的に行為することが重要であるのか。カントの返答はつぎのことを意味している。すなわち、われわれは道徳法則をわれわれ自身に与えるがゆえに道徳法則を承認する。そして、われわれはわれわれの行為において人間として〈われわれのもとに〉(bei uns) あろうと欲し、しかも道徳法則にしたがった行為こそ真に人間的行為の本質であることを認識するがゆえに、われわれは道徳法則をわれわれ自身に与えるのである。

カントは、君主の命令のごとく道徳法則にしたがわなければならない外からの道徳的立法(他律)を、プロシャ的自由主義に倣ってこの君主を内面化することによって自己規定(自律)へと変える。われわれは、汝の行為の格率が汝の意志によって普遍的自然法則になるであろうように行為せよ、という道徳法則においてわれわれを感じる。つまり、正確に言えばわれわれは道徳法則に服従するのである。なぜなら、われわれは君主を内面化しそれによって道徳法則への服従を自律として経験するときに、実践理性自身にもとづいて道徳法則を欲するからである。

規定された規則を行為において実現せよという要請が、これらの規則が神あるいは理性の命令であることによって基礎づけられるかぎりにおいて、近代人はこの命令が彼にたいして何を拘束するかを問い返す。近代人は実際に命令をみずからに与えるということが証明されるなら満足する。カント自身が以下で説明しているようにカント以前には誰もまだこの地平にいたらなかった。

人は人間がその義務をつうじて法則に結びつけられているのを見た。しかし人は以下のことを思いつかなかった。すなわち、人間はただただ彼自身のしかも普遍的な立法に服従しているということ、そうして彼はただ、自分自身の、自然目的にしたがった、しかし普遍的に立法する意志に適合して行為するよう拘束されているということである。というのも、人が人間をただ法的に（それがいかなるものであれ）服従しているものと考えたときに、この法則はなんらかの関心を、刺激として、または強制としてともなわなければならなかったからである。（したがって、自分の関心からであれ、強制的であれ、法則にしたがう義務を感じる。）なぜなら、この法則は法則として彼の意志から生じたものではなくて、（なぜならその法則は自分の意志にもとづいて与えられないから）彼の意志は合法則的に他の何ものかから強制され、ある仕方で行為するからである。（同上、A73=IV.65）

理性は自分自身の設計にしたがって自然法則を産出するがゆえに、われわれは《純粋（理論）理性批判》――実践哲学においては行為の統一が重要であるように、純粋理性批判においては認識の統一が重要である――にしたがって自然法則を認識するのと同様に、われわれは道徳法則をわれわれ自身に与えるがゆえに、われわれはまさしく道徳法則を承認するということが、いまあきらかになる。

道徳法則――定言命法――にしたがって自己規定された意志は、カントによれば〈善意志〉、世界のなかで唯一無条件に善きもの（同上、A1=IV.18）である。しかしカントによれば、道徳法則を産出することは自然の意図であった。こうして思惟行程——上で言及された道徳法則という表現のように——において新たに自然が引き合いに出されることになる。実践理性によるわれわれの自由意志の規定とともに、《われわれの意志に理性をその支配者として与えた自然の意図において、自然が》（同上、A4=IV.20）いまおそらく正しく理解されることになろう。

それゆえにカントは彼の倫理学の基礎づけにおいて、われわれが道徳法則をわれわれ自身に与えるから道徳法則を承認するということで満足するのではなく、われわれがこの法則をわれわれに与える能力（実践理性）を、自然の賜物として規定することで満足するのである。したがって、人間が自分の意志を理性によって規定させるように、自然は人間に理性を付与したのである。理性的に行為することは、人間のなかで生きている自然の意図である。この人間像は以下の章で私によって主張される人間像にきわめて近い。それだけにますます以下のような問いが発生する。すなわち、カントはここから［自然による理性の産出を認めておきながら］いかなる仕方で、自然的共世界にたいするいかなる義務も存在せず、それゆえ道徳法則は人間にたいしてのみ妥当し、そしてそのことから道徳法則はただ間接的に非人間的世界に〈関して〉（in Ansehung）妥当するということを、主張するようになるのかという問いである。

善を為すことを自分自身にたいする人間の義務として理解することは、［そこでは］人間相互の義務が問題になっているのだという誤解が生まれるちょっとしたきっかけを与えるかもしれない。だが、それは問題にはなりえない。なぜなら、理性による私の自由意志の規定は、規定するという仕方で立法する理性にたいする義務だけを形成するからであり、同じく一定の意図で私に理性を添付した自然にたいする義務だけを形成するからである。カントは上で言及した《挿入章》で、理性にたいする義務を、人間相互の義務と取り違えたのか。

自然と理性に〈たいする〉われわれの義務から、実際たしかに共人間（Mitmensch）〔同じ人間、人間同士〕、動物、植物、その他の世界に〈関する〉義務が生じる。しかし、直接的義務（何ものかにたいする、そして自己自身のための）を間接的義務（何ものかに関する、そして他のもののための）から区別し限定する点が、人間と他の生物との間にあるということは、結果しないのである。なぜなら、理性にたいする義務は、同じく理性に義務を負っている人びとにたいする義務とは別のものであるから。

それゆえに、人間は自分と〔同じ〕共人間にだけ義務を負っているということが、カントの道徳法則の基礎づけからただちに生じるのではない。私の考えによれば、人間にたいする義務を動物と花、木と石に関する義務から際だたせることが、少なくともカントのこの基礎づけの背後にはある。このために、こうした際だたせが行なわれるカントの『人倫の形而上学』Ⅱ部の《挿入章》では、主要な思想行程によって示されない余分な想定が挿入されたのである。

私が見るかぎり、理性はその現実性を人類においてのみもっているという想定が付加された。私は5章で紹介する自然中心主義的世界像にしたがって、こうした想定を正しいものとは見なさない。〔他方で〕私は、われわれの意志の諸規定がそこから生じる人間にそなわっている理性能力のうちに、自然の意図があるというカントの思想を以下で引き継ぐであろう。それにたいして、人間は同じ人間にたいしてだけ義務を負っているというテーゼは、私が思うに今日では倫理学のいかなる基礎づけにもなりえない。

4・2　経済――資源としての人間

今日の経済の現実はまだけっして人間中心主義的倫理にふさわしくない。人類のある部分だけが中心を占めており、人類［全体］がそうなのではない。1章で述べた表1の第三段階［自分自身、自分にとって親密な人、同胞、同じ民族を考慮する段階］ですら、経済が住民の福祉に役立ち、この意味で実際に国民経済であるようなわずかな国でやっとある程度到達されているにすぎない。だがすでに、現代のグローバルな生活基盤の破壊は、その破壊によってどうにか利益を得ているわれわれ［先進国の人間］が責任を負うべきであって、とりわけ第三世界にはそのような責任はない。

世界人口の二〇パーセントが資源の八〇パーセントを支配し、八〇パーセントの人が残りの二〇パーセントでやり繰りしなければならないのなら、これはまさしく現在生活している人びとへの分配がまだけっして正しく行なわれていないということである。それゆえに、今日の状態はなるほど国際経済ではあるが、世界経済ではない。なぜなら、世界経済とは先の表の第四段階［自分自身、自分にとって親密な人、自分の民族、現在生きている全人類を考慮する段階］に該当する全人類の利益に役立たなければならないであろうから。

さらに、われわれ〔先進国〕の子孫であれ、今日すでに甘い汁を吸っている——とりわけ第三世界の——人類の子孫であれ、現在の経済活動が実際に地上のすべての国の生活基盤を破壊しているということの責任を負うことはできない。なぜなら、現在の経済活動によって、現在生きている者に保存すべく委ねられている人類の遺産が浪費されているから。分配の正義を考える場合、そのことよりもわれわれ（現在の人類）は、この惑星は、早いテンポで増加しつねに多くのことを要求する人類に、無制限ではないにしろ多くのものを提供しなければならないのだということを、理解しておかなければならない。

伝統的な様式をもつ産業経済は、あきらかに現在の人類にたいして（先の表の第四段階を）普遍化することはできないし、長い目で見て未来世代にたいしてもそれを維持しつづけることはできない。地上のすべての国々が西ヨーロッパや北アメリカ式の現在の産業経済へと移行するならば、それによって未曾有の環境破局が生じるであろう。それゆえ、われわれの経済活動は現在の人類にとっても、子孫にとっても模範ではありえない。

それでもわれわれは、第三世界にたいしても未来世代にたいしても普遍化可能であり、それゆえ人類全体を（先の表の第五段階、〔自分自身、自分にとって親密な人、自分の民族、いま生きている人類および先祖、のちの世代の人びとを含む人類全体〕）考慮するような産業経済の形式が発見されるであろうと一度想定しよう。そのような経済はなるほど自然的共世界をあいかわらず原料と資源として扱うであろうが、（現在の経済と比較すれば）資源のより賢い管理によって少なくとも人間中心主義的倫理の要求を満足させるであろう。それによって従来環境政策上主張されてきたすべての問題が解決されるかもしれない――このようなことは現実の政治においてはまったく考えられないことである――が、そうなったとしても人間生活そのものの自然との連関はまだ不十分であろう。

人間中心主義的世界像の不整合は、自然的共世界を原料ないし資源に矮小化することが、それと同じく人間像を矮小化することと一つになっているという点にある。人間中心主義的世界像においては人間は中心として存在するのではなく、その世界像が意味しているものとは別の仕方で存在するのである。人間中心主義的世界像においては、人間はこの世界像が人間に約束している中心的な役割をいささかも果たしていない。すなわち、自然的共世界を除く経済過程においては、人間が実際に資源ないし原料になっているのである。サムエルソンは彼の経済学教本のなかで以下のように識別している。

――天然資源：地質、降水頻度、灌漑能力、エネルギー生産能力、地下資源。これらの地理的に不平等な分配は利益や不利益をともなっているが、不足分は通商や技術の進歩によって補われることができる。そして結局《資源の乏しい国でも、産出可能な石油の発見によってふたたび活性化されえないほどひどいものではない。》（Samuelson, 1970, 753）

――人的資源：《労働は重要な生産要素であるから、マンパワーの領域も積極的にプログラム化されなければならない。……1．人間を幸福にし、また人間を生産的労働者にするためには……病気はコントロールされなければならないし、保健機関や食品供給が組織化されなければならない。……2．教養が人間を生産的労働者にする。それゆえに、文盲にたいする教育手段やそのたの対策がもくろまれるのである。》（同上、752）

人間はこのように生産要素としてあるのだが、人間の生産性は文明化と養成のための建設的プログラムによって計画どおりに高められうるのである。そのことが人間を——それぞれの状況しだいではあるが——さらに幸福にするのである。——サムエルソンの教本の索引では、マルサス（Malthus）と管理（Management）とのあいだには差がないのかもしれない。すなわち、そこでは人間が人的資源（Human Resources）と見られている。だがハイデガーにおいては、それはいかなることを意味するのであろうか。

（近代の技術は）現実的なものを存在しつづけるものとして仕立てるように人間を仕向けるところのそそのかしである。……／……人間が……ただ存在しつづけるものの仕立て人である……かぎり、人間は墜落のぎりぎりの淵に立っている。すなわち、そこでは人間自身が存在しつづけるものとしてのみ受け取られなければならないのである。それにもかかわらず、そのように脅かされた人間は地上の支配者をめざして立ち上がるのである。（1954, I, 19/26）

ハイデガーがここで存在しつづけるもの〔（Bestand）あるいは「設備」〕と名づけているものは、経済的には資源（Resource）を、技術的には原料（Material）を意味している。産業経済においては、世界は倉庫のようにして存在しつづけるものとなるのだが、それはしっかり統率された原料倉庫ほどにはまだきっちりと整頓されているわけではない。しかし、われわれは思いもかけず棚の上にわれわれ自身を再発見することになる。つまり、われわれ自身がそこでは原料になってしまった自然の一部なのである。

サムエルソンは——七〇年代の流れにしたがって——彼の著作のつぎの版（一九七三年）で、人的資源という概念を索引から抹消した。だが、テキストのなかではなにものも変わらなかったし、実践においてもなにも変わらなかった。少なくともまだ、——動物の〈生殖（Produktion）〉をモデルにして——他の人の受精卵を宿す代理母の問題が付加されなければならなかった。それゆえに、人間中心主義者の日曜説教のために「人間を人間的資源と見るのか」という言説をときにはつけ加えなければならない。

しかし、われわれはわれわれをいわば経済活動の原料としてもその目的としても理解することはできない。人間的資源という概念のなかには、人間が低く見積もられると同時に高く見積もられるという矛盾がある。人間は自分自身を生殖過程をもった自然存在として捉えるときにはたんなる原料へと低めている。しかし、人間は自分自身の利益のために世界を形成する者としては、自然のなかのたんなる原料ではないいっさいのものの創造者へと自分を高めている。したがって、人間は経済過程がもつ自然との連関だけではもはや捉えきれないのである。

工業化の初期においては、矛盾はいわば分割された役割によって解決された。すなわち、人間は一方で創造者であり、他方で資源である。したがって、若干の人間は他者の自己実現のための資源である。しかしながら、この矛盾を解決しようとするとき、それは社会的対立へと変化する。つまり、この対立から社会主義者や共産主義者が出てくるのである。［そしてやがて、］労働と資本の合意とともに（12・3）、素朴なつまらない解決策であるいわゆる民主化された形式となるのである。この民主化された形式の本質は以下の点にある。すなわち、もはや若干の人間が他者の自己実現のための資源であるのではなく、いまや――ほとんど――すべての人間がその労働時間中は資源であり、その自由時間中は経済過程の目的であるようになっている、という点である。

産業経済においては、こうした時間的な配分において人間〈がもつ〉両規定を合一しようとすることが、われわれの政治的かつ法的実践の基礎である。［だがそこでは］一方でテイラー化（Taylor 1913）の問題が、他方で余暇・消費社会の問題が重要である。「労働しているときには家にいるのではなく、家にいるときには労働しているのではない」は、若きマルクス（MEW EB I. 514）の含蓄ある簡潔な公式である。

――労働しているときには家にいるのではない：F・W・テイラーはつぎのことを発見した。つまり、労働過程のなかで人間は経営学上しばしば次善のものと想定されるということ、また労働過程が技術的かつ組織的に最善の状態にされるなら、労働生産性は時間と運動分析にもとづいて高められうるということを発見した。テイラーがかつて労働の合理化についての彼の考えをある企業でテストしたとき、若い機械工が［合理化にたいする］知識欲によって彼を怒らせたという。その機械工はあきらかに自分が何をしなければならないかを知ろうとしたばかりでなく、なにゆえに自分がそれをしなければならないかを、すなわち自分の労働が技術的かつ組織的にいかなる連関のなかにあるのかをも知ろうとした。テイラーは結局以下のようなコメントでその若い機械工［の知識欲］を片づけたとされる。すなわち《あなたはまったく考えてはならない。考えるぶんは他の従業員に支払われる。》（Friedmann 1952, 221）それにたいして、労働において自分自身の肉体を機械的法則にしたがって使役している人は誰でも、自分がやりたいことをやり、何をするかを知っているとき、すなわち自分が労働の主体であるときに、まったく家にいるように幸福でありうる。

——家にいるときには労働していないのではない：アダム・スミスは《消費だけがすべての生産の目標であり、目的である》と言う（1776/1878, 558）。今日までこの言説は文字どおり産業経済の的確な記述である。しかし製品はつねに半製品である。つまり、残りの半分は、その製品が作られ使われていくなかでそれが自分自身のもの、また自分に親しいものとなり、そこではじめてそれがわれわれに何かを語りかけてくるにちがいないという体験である。それゆえ、製品の唯一の意味が消費であるという考えは疑わしいと言わざるをえない。

目標と手段は経済過程のなかでひとつになることがないのに、人間は目標であると同様に手段でもあるべきであるという矛盾は解決されうるのか。生産する人間は、生産されるその製品のうちに自分を再認識することが重要である。そこでは、生産と［その結果である］製品とが乖離することなく結びついている。しかし、工業社会においては、消費者が自分を徐々に製品に適合させ、この適合において経済的製品となるということでのみ、この調整はうまくいく。現在でも、一人前の人間になろうとしている人は、こうした発展を支持し促進しているのである。

4・3 精神科学的解決——精神の騎士たち (Caballeros del Espíritu)

産業経済的な人間像にたいする疑念は、周知のように社会主義的側面でも自由主義的側面でも、また保守主義的側面でも、〔新しい人間像への〕より細かい提案へ向けて、人間の役割をわれわれの根本的価値観と一致させる仕方で規定する機会を与えた。私はここではネオマルクス主義的解決に制限する。というのは、現在あらゆる側面で圧倒的に受け入れられている逃げ道が、ネオマルクス主義において最も首尾一貫して考えられ、そして準備されているからである。またさらに、この逃げ道は近代の主観性の哲学の意味で人間を世界の中心として説明し、それにふさわしくふるまう人間中心主義的傲慢でもある。

ユルゲン・ハーバーマスの含蓄のある文言のなかに以下のものがある。すなわち、《社会生活の再生をめざす唯物論的呪縛、定められた労働〔予定説〕という聖書的呪縛が技術的に破壊される》(1973, 80) ということは、まだ人間社会の不正がなくなるための十分条件ではないとしても、必要条件ではある。こうしたアプローチは結果的に、自然的共世界のほうはあいかわらず資源ないしは原料としての状態にとどめておくことになり、他方で人間のほうだけはもはや資源として算入される必要はなくなり、したがって人間だけが実際に経済過程の目的であるための諸前提を、技術の発達をつうじて結果的に作りだすということになる。もしこうしたことが可能であるならば、経済的人間像がもたらす矛盾は、自然にたいする支配的で抑圧的な関係を克服せずとも、廃棄されうるであろう。

だがはたして、抑圧された自然を基盤にしている人間のもとで、人間による和解が存在しうるのか。もちろんいままでは、上の主張を裏づけることとして、以下のことをあげることはできない。すなわち、自由の国は経済的・技術的に自然とかかわる活動領域においてこそ構築され、それゆえにフランシス・ベーコンが考えたように、いわばわれわれが原罪によって陥ってしまったイバラやアザミのような苦痛からふたたび楽園へ還る、技術的に開発された抜け道があるというようなことは、その裏づけとしてあげることはできないのである(9. 1/2)。しかし私の考えによれば、以下のことも同様に上の主張の裏づけとしてあげることはできない。すなわち、自由の国は自然を超えたところにのみ、すなわち社会的自己関係の活動領域にのみ(社会過程のなかにのみ)あり、われわれの自然とかかわる活動領域のなかには求めることができない、ということも裏づけとしてあげることはできないのである。それよりむしろ、人間相互の関係および人間の自分自身への関係において和解がもたらされていないことを、思惟の奥底で《自然とのあいだで和解がなされないこと(unversöhnte

Natur)》(Horkheimer/Adorno 1971, 40) として認識することのほうが重要ではないだろうか。

ホルクハイマーとアドルノは自然についてのこうした思惟において、ヴァルター・ベンヤミンの歴史哲学のテーゼと結びついている。ベンヤミンは彼の一一テーゼにおいて、以下の自然概念は通俗マルクス主義的で技術万能的労働観に属しているということを思い出させた。すなわち、

この自然概念は、三月革命以前の社会主義ユートピアの概念から不吉な仕方でくっきりと浮かび上がってくる。これまで理解されている労働は結局自然の搾取ということになる。……こうした考えと比較して、フーリエを嘲笑するための材料をたくさん与えてきた空想的物語は、驚くべきことだが健全な意味をもっていることを証明している。……フーリエはじつは……つぎのような労働を説明しているのである。すなわち、労働は自然の搾取から離れることができるのであり、その懐のうちに可能態として潜んでいる自然を創造から開放することもできるのである。……〈無料でそこにある〉自然は、労働についての堕落した概念の付属物として、そうした堕落した労働概念に所属しているのである。(I. 501)

残念なことにこの思想には、社会主義の発展のなかで、若きマルクスの自然哲学的考え方と同様に評価が与えられなかった。もしそうでなければ、いまよりも早くとうに自然との和解が考えられたであろうに。私は12章で、その問題の排除をもたらしたものは何であったかという要件にふたた

び立ち戻る。

若きマルクスの自然哲学の構想が、まっさきに私が以下の章で進んでいくであろう方向を指し示した。一八四四年のパリ草稿においてはつぎのように書かれていた。

> 社会（Gesellschaft）は人間の自然との関係の完成態であり、自然の真の復活（よみがえり Auferstehung）、すなわち実現された人間の自然化（Naturalismus）であり、実現された自然の人間化（Humanismus）である。（MEW EB I. 538）

《資本主義的生産は……すべての富の源泉、つまり土地や労働者を徐々に弱らせ破壊する》（MEW XXIII. 529f.）というように、なるほどマルクスには産業経済による環境破壊が意識されていたのだが、のちになってそれは後退した。すなわち、そのように意識していたにもかかわらず、マルクスはそこから人間は《自然との物質代謝を合理的に制御》（MEW XXV. 828）しなければならない、すなわち資源を慎重に管理しなければならないという結論だけを引き出したのである。だから、《人間が自然を取得することについてのマルクスの考えは……いつもまだ主人の傲慢さを含んでいる》（1972, 83）ということを、とくにヘルベルト・マルクーゼはあきらかに見てとっていた。

マルクーゼはその思想においてふたたびベンヤミンが語っていたシャルル・フーリエや、若きマルクスのパリ草稿に結びつき、《自然の開放》や《自然にたいする暴虐や人間にたいする暴虐が激しくなる搾取社会との闘いの同盟者》(同上72)としてかれらを扱うのである。だがそれは、マルクーゼにおいて自然は狂信的な仕方で捉えられているから、抽象的なものにとどまっているという偏見と結びつくかもしれない。ホルクハイマーとアドルノにおいても、自然はきわめて美しいがただそれだけにすぎない思想になっている。結局マルクス主義の内部では、これらの思想が正しいのか、間違っているのかが、——ジェームズやパースの意味における——行為の場面ではいかなる違いとなるのかということが、あきらかにならないままである。私が見るかぎりでは、その理由は、こうしたすべての自然哲学的アプローチが、これまでのマルクス主義を桎梏から解き放つ可能性がある新しい人間像へと導くかもしれないということである。それゆえにこそむしろ私はふたたびハーバーマスに立ち返って見よう。というのも、少なくとも彼が何を考えているかがよく知られているからである。

ハーバーマスの解決とは、自然的共世界を冷酷にも《道具的行為》である一次元的(7・4)《機能領域》(Habermas1973, 176)に委ねることであり、また人間性を、支配なき自由なコミュニケーション——自由に自分自身とかかわりつつ——という雲のような不確かなものに委ねることである。このことは以下の鋭い言葉が真であることをたしかに証明している。すなわち、精神科学が考案されたのは《精神の騎士たち》(Ortega VI. 26)が人間を自然よりよりよいものとして喧伝しうるためである、ということが真であることを証明している。

マルクスにおいても、ディルタイにおいても、そしてその他の精神の騎士たちにおいても、人間にその人間性を保証するとしたら、以下のような結果になった。つまり、われわれは人間が資源としての自然であることをわれわれの自己理解において否認することによって、たんなる資源へと格下げされた自然であることから逃げ去ることになったのである。われわれは自然に所属していないかのごとくに、そうするのである。だが、資源へと屈服させられた共世界は、われわれが自然の一員であることを好もうとするのはどうしてなのかをわれわれに問いなおす。人間はその他の生物圏の生物と同様に肉や血をもたないのか、人間は他の生物と同じ法則の支配を受けないのか、そしてわれわれは病気のときにはいやしくもそのことを思い出すのが常ではないのか。薬は自然法則に則って生理的組織に作用するし、またこれのみに作用するのである。

それどころか、人間中心主義の矛盾は医療的な患者の取り扱いにおいて最も直接的に経験される。われわれの身体（Leib）は生理的に他の世界と同じ法則の支配を受ける。われわれが身体を、産業経済におけるように医療技術的に、なにものかへ、たとえば病気の場合にはなにか健康なものへと形成されなければならない材料（Material）として扱うならば、われわれはたんなる物質（Körper）としての身体にかかわっているのであり、そこではわれわれは身体のもつ精気や生命をとらえ損なっている。

われわれがその他の世界を精気を欠いた材料として扱うのであれば、われわれはその他の世界がもつ本来の生命をもとらえ損なっているのではないか。可視的な仕方で存在している人間にたいしても、その他の世界へかかわるのとまったく同じように対象化しつつかかわるわけにはいかないのであるならば、人間と他の世界の統一的扱いはおそらく逆の方向において［人間から自然の方向において］探し求められるべきであろうし、したがって自然的共世界もまず人間的に扱われるべきであろう［人間を扱うように自然も扱わなければならない］。

自然を人間の本質としては否認するとしても、われわれの身体を船長にとっての船と同じように非常に重要であるとする自己理解を生みだしはする。船長は船に住み、これを操縦し、整備するのと同様に、われわれもまたわれわれの身体に住み、これを操縦し、ときには世話するのであるが、船長がその船ではないのと同様に、われわれはこの身体ではない。われわれの本来的存在は、精神的非物質的であり、われわれはできるかぎり支配されることなく相互に対話するという点にある。そのさい、われわれは無慈悲にもその他の世界を隷属させ、それを道具的行為の一次元的機能領域に委ねる。こうして、人間的なものはもはや自然的に経験される必要はなく、自然的なものもはや人間的に経験される必要がなくなる。

しかし、それを理解することがここで重要になってくるこの世界の経済とは、支配を免れ自由に対話できる非物質的人びとにとって、何を意味しているのか。これらの人びとはこの世の財を頼りにしているのだが、もしそうであるなら、財への欲求はどこから来るのか。経済にたいして人間中心主義的人間像が抱える矛盾は、結局のところ、もはや資源として生産過程に入ってくるのではない人間は、もはや生産物すら必要としないということによってのみ止揚されうる。しかしながら、一般的に言えば人間中心主義的世界観でも、特殊的に言えばネオマルクス主義的世界観でもそのようには考えられていない。

それにしても身体を操作することによっていっさいのこの世のものから解放された精神に到達するということは、いかなる仕方で思惟可能であろうか。精神剤がそれを可能にするということを証明してはいる。もちろん、環境保護が同時に、操作することによって人間的主観性に到達するということが抱えているのと同じ共通の問題として理解されるということは、まったく偶然なことではない。

それゆえに、経済の中心にいる人間にとって経済はなにも役立つことができない。しかるに経済が利用する人間は、経済の中心には存在しない。すなわち、経済活動がわれわれの役に立ち、われわれがわれわれのうちにある自然を否認しないかぎり［われわれは経済活動をつうじて財を生産し消費することによって、身体的生命のみならず精神的生命をも維持するのであって、その意味でわれわれ人間も自然であることを認めなければならないから］、われわれは自然的共世界をわれわれと同じものとして承認せざるをえない。われわれはまさしく自然史的には他のすべての生物と同じであり、しかもそれどころか無機的共世界とも類縁関係にあり、こうして通常共世界のうちに現われてこない人間の特性などほとんど存在しない。

人類の政治文化には再三再四大きな前進があった。奴隷や有色人種や外国人が同じ人間として認識された場合などがそうである。それがどうして前進かといえば、こうした洞察にしたがって、基本的権利に反対して他の国民を尊敬しないなら、ある国民は彼ら自身の国家的社会的不可侵性を危険に曝すことになるからである。基本的権利の承認へ導く平等原理を、人間の平等を超えて自然の生命共同体に拡張する時代が来ていると、私は考えている。私はこの問題に8章で立ち返る。

4・4 自然科学――物理学者なき物理学

われわれは自然の全体に所属しているから、われわれと同様にこの全体に所属している自然的共世界にわれわれが関係するときには、われわれはわれわれ自身に関係しているのである。経済学の最高原則とはこうした自己関係を洞察することであろう。だが経済学はそのような仕方であるのではなく、われわれはもちろん経済的行動においてわれわれ自身に出会うのに、われわれ自身に出会わないと考えて経済過程は編成されている。――このことが当然の帰結として経済過程を記述する学問のなかにも反映している。

われわれは他者に関係することによって、事実上われわれ自身に関係するのであるから、われわれは関係づけられる者である。この場面でわれわれが出くわすものに関して、それをわれわれ（共世界）とは考えずに、この意味でそれと気づかないうちにわれわれは自分自身を裏切ってしまうことになるのだが、そうなってしまうのは、自然における人間の自己関係が（5・2）経済や経済学においては認識されていないということが原因である。こうして、経済過程を記述する人間と、この記述のなかで登場する人間とは同じ人間ではないということになる。この二人の人間は同一の人間の正面と背面のようにけっしてひとつになるのではなく、ここにこそ真の矛盾があるのである。物理的な自然記述に関しても、経済におけると同様の人間の二重の役割とほとんど同一の問題が生じる。ここでもまた、考察する人間は対象として考察される人間のうちに再認識されえない。

物理学においても人間は、一方で科学的認識的に――理論的かつ実験的に――自然に関係する存在であり、他方で人間は自然そのものにも所属している。自然科学においてはそれにもかかわらず、自然の一部分［人間］が認識的に全体に関係するとは思われないのである。とりわけ、物理学的仕組みとして記述される人間においては、この記述が十分であったとしても、人間がこのように科学的に自己自身の対象になりうるなんてことはいささかも指し示してはいないのである。だがそうだとすると、物理学の存在は物理学の結果といかにして一致するのか。とりわけ、ゲオルグ・ピヒトは再三再四この問いを立てた。

この問題は、――まず古典的物理学（すなわち量子論以前）においては――人間は感覚的知覚の対象であり、このようなものとして他のすべての感覚的事物と同一の自然法則の支配のもとにあるという点にある。古典的物理学においては、これらの自然法則がすべての出来事を規定している（それゆえそれは、量子論におけるように、あれかこれかが起こりうる蓋然性にすぎないのではない）。すなわち、生じるところのいっさいのものは、それが規則どおりに必然的な仕方で起こるあるものを前提にしている。こうした決定論はきわめて実り豊かな認識の範型であったし、これこそ機械論的自然科学の真の道しるべであった。それによれば、すべての自然現象は機械的運動に、あるいはどんな場合でも複雑な事象は単純な事象に還元されることになろう。たとえば、生物学的事象が物理的事象に還元されるように。

機械論的認識範型は、医者で物理学者でもあるヘルマン・フォン・ヘルムホルツによって以下のような明晰な表現で語られている。

> しかるに運動が、世界におけるすべての他の変化の基礎にある原変化であるなら、すべての基本的力は運動する力である。そして自然科学の最終目標は、すべての他の変化の根本にある運動とその原動力とを見いだすこと、それゆえに力学で解決することである。(1869, 93)

物理学者であるラプラスは、決定論を彼にちなんで命名されたデーモンの物語によって具体的に説明した。力学の体系のすべての将来の状態がたった一度の瞬間に完全かつ正確に知られたときに、この状態は古典力学の微分方程式にしたがって予言することができるということを、このデーモンは知っている。力学においては、状態を記述するとしたら、体系の全部分の場所と運動量(Impuls)を知る必要がある。それゆえ、デーモンがたった一度の時間点におけるこれらの量を知り、さらに上手に計算するとすれば、デーモンには宇宙の全将来が細部にいたるまであきらかになるだろう。(Laplace 1814, 序論)

決定論が人間の自由にとって何を意味しているかということこそ、イマヌエル・カントが一貫して問いつづけた問題である。カントはすでに――ニュートンの天体力学、すなわち惑星は地球上の力学法則にしたがって運動するという証明に見られる――近代自然科学の最初の大きな成果にしたがって、この科学がさらに発展すればすべての出来事の一般的運命を証明できるであろうと期待するだけの充分な根拠をもっていた。カントはこの決定論を受容はしたのだが、それにもかかわらず人間は自由であるということ、したがって決定と自由は合一可能であると主張できると考えた。

われわれは……以下のことを認めることができる。すなわち、もしわれわれが内的ならびに外的行為をつうじてあきらかになる人間の思惟様式に深い洞察をもつことが可能であるなら、そして行為へのすべての動機、また微かな動機ですらわれわれに知られ、さらにわれわれの行為に作用する外的な原因も知られるということが可能であるなら、われわれは未来におけるある人間の活動を、月食や日食のごとく確実に算出できるであろうが、それにもかかわらずそこにおいて人間は自由であると主張しうるであろう。(『実践理性批判』A177f.)

だが、人間の活動は日食のように予見可能であるにもかかわらず人間は自由であるということが、いかにして成立することになるのだろうか。カントはここで、物理学も自由も承認するためにきわめて大胆な戦略を練った。この戦略はたしかに逃げ道を提供するが、今日の私の考えによればさらに別の方向へと導かれることにもなるのである。
カントの戦略は自由の擁護者にとってはきわめて厳しい状況のなかで生じたのであるが、これはまたカント自身によって〈自由の救出〉として記述される（『純粋理性批判』B564）。われわれが人間の直観形式である空間と時間において経験するような《現象》としての物と、自分自身で存在しわれわれの知覚様式から独立に存在可能でわれわれが経験することがない物［物自体］との区別によるカントの解決が納得いくものであるかぎり、その救出はうまくいく。

われわれが時間における物の存在の規定を物そのものの規定として捉えるならば……因果関係における必然性はいかなる仕方でも自由と合一されうるのではなく、両者は相互矛盾的に対立させられている。……したがって、われわれが自由をなおも救出しようとするのであれば、時間において規定可能であるかぎりの物の現存在、したがって自然必然性にしたがっている因果性をたんに現象に帰し、自由を物自体と同一の存在に帰するというほかにいかなる道もないのである。（『実践理性批判』169f）

カントによる自由の救出が成功するとすれば、それは現象としての物を、われわれにはよく知られていないが自体的に存在しうる物から区別することによってのみ可能なのであるが、このことがなによりもカントの思惟のなかでこの区別がもっている中心的意義である。カントの若い同時代人であるフリードリッヒ・ハインリッヒ・ヤコービはかつて物自体についてつぎのように語った。すなわち、カントは《自己の体系へあの区別という前提なしには入っていくことはできなかったし、あの区別という前提とともにその区別のうちにとどまることもできなかった》(II. 304)。しかし物自体を拒否する人は、カントの自由の救出を評価せずに見捨ててしまう。

まず人間の自己経験は、現象と物自体の区別を認めるなら、一方で時間と空間における現象として、つまり知覚の対象として自己を知り、他方で〈知的対象〉、すなわち思惟の対象として自己を知ることを意味している。われわれは直接的経験から出発するとき、一方で自分を理性的存在として経験し、他方で自然法則にしたがって活動する物質的組織として経験する。それにしたがって、《同一の行為が》(カント『純粋理性批判』B578) 感性界における因果的進行としてと同時に、道徳的に評価されうる行為としても記述されうるのである。

問題は、同一の行為のなかにあるこれら二つの世界の経験がどの程度哲学的に根拠のあるものであるのか、あるいはこれらはたぶんより深い連関をもってはいるが、どの程度矛盾しあったものなのかということだけである。われわれはたしかにわれわれの生の統一を確信できないが、われわれがそれについて語っているすべてのことを、矛盾しない一貫したものであると確信することもできない。

一例をあげよう。ソクラテスは彼の友人が牢獄から脱出する機会を提供したとき、牢獄から逃げ出さず(アテネの市民には脱獄が最もよいことであったろうに)、立法への尊敬のために不正な死刑判決をそのまま執行させた。この死刑執行はカント的意味で《経験的因果性のすべての法則にしたがって》(『純粋理性批判』B573)行なわれたにちがいないし、それゆえにこの死刑執行は生理学的には原理上、因果性の法則とは別の仕方ではまったく行なわれえなかった事態として記述されうるであろう。しかし、ソクラテスは物自体として、したがって不可視の世界の自由においては逃亡しないことがよりよいことであろうと考察したということは《でっちあげ》(同上)にすぎないとしても、さらにまたなおもその点を加味するにしても、この因果性にしたがった死刑執行の記述が少しも損なわれることはないのである。

4・5 自由の規定のもとで自然を思惟する

結局カントによる自由の救出は、成長が終わるその瞬間において成長の限界が発見されるというような仕方で、思惟をコルク栓のように決定された自然事象の表面で踊らせるという点にあると、人びとは考えるかもしれない。だが、疑いもなくそのようには考えられなかったのであり、こうした考えは二つの相互に対立する解決策のうちの一つの策にすぎないであろう。カント自身は、自由が不可視の世界で承認され、決定が可視的世界で承認されるときにだけはじめて、自由と決定の無矛盾性に到達する。自由はいかなる仕方で現実的に可能であるかを洞察するためには、カントがすでに『純粋理性批判』で着手しているさらなる考察がもちろん必要である。

たとえば、経験的には必然性の世界に所属し、叡知的（intelligibel）には自由の世界に所属している人間がもつ二つの性格の区別に関連して、『純粋理性批判』では、二つの性格はおたがいに《それに応じて（gemäß）》（『純粋理性批判』B568）考えられうるのであると言われたり、経験的性格は《たんに叡知的性格の現象》（同上、B569）であると言われたりする。一方の性格が他方の性格を制約するかぎり、カントにあっては叡知的性格——その思惟様式——は踊るコルク栓であることを譲り渡すべきでないということになるのだが、このことは少し前の第三アンチノミーの形成からも見てとることができる。というのも、自由が自然法則の因果性を《説明するために》（同上、B473）必要なものとして仮定されるべきであるということであるのだから。この意味でカントはさらにつぎのように問う。《こうした経験的因果性そのものは、自然原因との関連をいささかも中断することなしに、非経験的な叡知的因果性の結果［Wirkung、作用］ではありえ》（同上、B572）ないのかどうかと。すでに人間の二つの性格、すなわち経験的な性格と叡知的性格、ないしは《感性様式》と《思惟様式》という二つの性格の導入にさいしても、叡智界の感性界への《作用》（Wirkung）が語られていた。（同上、B567, B579）

それゆえカントの二世界論は、感性界の原因の連鎖が自由の国においてはいかなる根拠ももたないということを意味する必要はない。カントは創造というときに、物自体の創造（『実践理性批判』A183）を理解しているのであって、時間のうちでの物の創造を理解しているのではない。したがって、もし世界という創造物がその性状すなわち現象においても再認識されうるべきであるとするなら、それでもやはり人間の意志ばかりが自然のうちに自分の表現を見いだしうるばかりではなく、創造の意志（Schöpfungswille）も全体として見れば同じくそれができるのである。

カントは『純粋理性批判』において驚くべきことだがさりげなく、人間の経験的性格は人間の叡知的性格の《感性的図式》（『純粋理性批判』B581）であると暗示している。そこにおいては、《図式》のもとに、現象のある構造を再認識する構想力の普遍的働き（Verfahren）が理解されなければならない（同上、B179）。しかし、そのような図式が存在するとすれば、自由は自然においても経験されえてはならないのか、経験されうるのではないか。カントは自由の規定のもとに自然を思惟するかわりに、自然から自由を救出しようと試みたのか。

自然から自由を救出することは、カントにとっては二つの可能性のうちの一つにすぎなかった。逆に、行為におけるわれわれの自然科学的規定性を否認しない別の逃げ道があり、それは自然をも自由の規定のもとに思惟することである。スピノザは、自分自身の本性（Natur）の必然性にもとづいて現存することこそが自由であると語る。私はこの道を正しい道とみなすし、また環境危機においてどうしても必要であると思う。

人間がそこにおいて生きている二世界を調停するなら、結果として、自然規定性に支配されている感性の国は、自由である超感性的国の表現として、またそうであるから産物（Schöpfung）として現われるということになる。感性界における原因の諸連関は、そこにおいて超感性的自由が感性的に経験され、あるいは世界という創造物がその性状において姿を現す形式である。

このように考えることは、原子物理学において示されたような物理学の法則において人間の活動形式が再認識されうるということによって、正当化される。マルクスが最初のフォイエルバッハテーゼを一部変更したときに、《対象、現実、倫理は客観あるいは直観の形式のもとでのみ把握されるが、感性的な人間の活動、すなわち実践としては把握されない》（MEW III. 5、マルクスはこれを従来のすべての唯物論の主要欠陥と名づけた）ということが、古典的物理学の欠陥であることをあきらかにした。

ゲオルグ・ピヒトは人間中心主義的世界像を正当にも、《物理学的世界像が革新されたにもかかわらず人間の中心的立場を維持するための》（1794, 82、付加的に強調されている）手管と理解した。宇宙（Weltall）が地球をその中心点としては喪失してしまったとき、人間がそのかわりにこの中心的立場として登場することになったのである。人間中心主義は、自由がここでもまた人間の行為のために取っておかれ、他方で宇宙（Kosmos）が必然性の国として理解されるかぎりにおいて、それは古典的物理学の思想に相応している。したがって、自然的共世界はその本質から不自由であり、またそうであることによって、カント的手練手管のおかげで人間がいかなる運命を免れることになるのかが扱われうるのである。

古典的物理学――これは、自然の一部分［人間］が認識をつうじて全体にかかわっているということについては何も知らない――を超えて、物理学者の認識行為を科学で再認識するための本質的歩みは、ニールス・ボーアによる量子論のコペンハーゲン的解釈によってなされた。ここであきらかになるのは、物理学者の行為が物理学的現実の一部分であるということ、それゆえに物理学は文字どおり為された事柄（Tat-Sache）――われわれがなしかつ経験したもの――を扱うということである。そのように自然規定は自由において経験されるばかりでなく、自由の表現としても経験される。量子論がもつこうした理解のための中心的概念は相補性（Komplementarität, Bohr 1927）という概念である。

量子論の根本思想はつぎのとおりである。すなわち、経験の統一は、古典的物理学の経験領域の外側にあって、諸現象がたがいに補完して全体を形づくる（Zusammengehörigkeit）形式をもっているということである。そこで諸現象が客観的に実在すること、あるいは諸現象の物理学的実在性は、諸現象がその下で経験される諸条件を含んでいる。為された事柄は、原子論的な個々バラバラの現象である。為された事柄（Tatsache、事実）は同時には存在し――具体化され――えないが、これが同一の客観に関係するときには、この同一性こそボーアによれば現象の相補性を意味している。それにたいして、古典的物理学における経験の連関と統一は、決定論的な因果性によって与えられている。この意味で相補性の哲学は因果性の原理の普遍化である。

量子論と相対性理論は、人間の経験を経験成立の条件にもとづいて相対化するということをおたがいに共有している。コペルニクスの体系におけるように、すべての経験は世界のうちでともに活動せしめられ、経験そのものに関与している観察者に帰せられなければならない。それにもかかわらず、こうした分類はいまや——ソフィストのプロタゴラスが人間をいっさいのものの尺度として想定しなければならなかったのとは別の仕方で——いっさいは相対的であるばかりでなく、経験の相対化によってこそいっさいのものは理論的連関を獲得するという仕方で生じるのである。

したがって人間中心主義的世界像をコペルニクス的に捉え返すなら、それはまず「中心はいたるところにある」ということを意味する。だがそうなると、全体そのものが中心になる。別の言い方をすれば、「全体がいたるところに存在するかぎりは、全体自身が中心である」と言える。いたるところに存在するものは場所的な特殊性として存在しうるのではなく、全体である統一体（Ganzheit）——全体を拡げたり、それをまとめたりするもの——でありうる。全体は一方で、場所的特殊性をもつすべての被造物の総量（Gesamtheit）であり（スピノザの所産的自然、natura naturata）、他方で被造物のなかで生きて働いている力（スピノザの能産的自然、natura naturans、6・5参照）である。この神の力が一なる自然であり、この自然の力ですべての自然的なものは自然的に存在するのである。

能産的自然、創造する力はいたるところに存在し、それ自身が全体である。このようにこの創造する力が世界の本来の中心である。存在する中心のかわりに、働く中心が登場したのであり、古代の地球中心主義的世界像が、人間中心主義的世界像によってではなく、自然中心主義的世界像によって交替させられるのである。言ってみればまだ、人間中心主義は量子論や相対性理論の水準に到達していなかったのである。

自然中心主義的世界像と、この世界像にふさわしい人間の自己理解が、以下の二つの章のテーマである。

物理学は為された事柄を扱う学問として自由についての自己理解になるのと同様に、自然中心主義的世界像における自由はもはや人間の自由ではなくて、自然の自由であることが判明する。なぜなら、自然はわれわれが自由に認識しかつ行為するときに、われわれのうちで話題になり実践的に表現されるところの能産的自然であるから。カント的に言えばつぎのようになる。われわれの自由を自然から救出することなく、自由の規定のもとに自然を思惟することは、自由が維持される物自体はそれ自身一なる自然であるということによって可能である。われわれは自然の賜物、理性を自然に負うているのである。

自由という規定性のもとに自然的共世界を認めることが自然との和解の根本思想であり、7、8章で展開される実践的自然哲学の本来的出発点である。人間の自由だけが救出されるべきではなく、おそらく自然全体の自由も救出されるべきである。だから私はボーアとともにカントからスピノザへと還帰する。

今日、自然全体のなかでわれわれが同一性を保ちつづけることが明瞭でないことこそ、工業経済によって生活基盤が危険に曝されていると判断せざるをえぬ主たる根拠である。私は以下の章で、われわれの自由のみを救出しそれによって自然的共世界から逃げ出そうとするかわりに、われわれが他の世界と自然史的に類縁関係をもっているということにもとづいて、いかにしてわれわれは自然的共世界をわれわれのうちへと取り戻すべきであるかを記述する。

II部　自然との和解の条件

5章　自然の全体のなかの人間

自然的共世界にたいして工業社会が権力を掌握した。だが、人間は自然に属しているものであるのに自己理解においてはそのことが考慮されなかったために、現代の危機に陥ったのである。人間中心主義的世界像においては、人間はまったく［自然のうちに］存在しないかのように存在している。こうした批判にしたがって、われわれは将来、観察者自身もまた入っていくことができるキャスパー・デーヴィッド・フリードリッヒの風景のような自然像に、照準を合わせるべきであろう。

われわれはわれわれ自身がその一部である自然を考察し変更する。フリードリッヒの自然像の概要はニールス・ボーアによって自然科学の哲学に導入されていた。ボーアが示したのは、物理学はわれわれが成し、かつ経験したことを扱うということであった。したがって、われわれはここでは観察者であるばかりでなく、――中国の格言が語っているように――生のドラマの観客であり共演者でもある。環境危機は、人間が自然に所属する存在であることが実践的自然哲学においても考慮されなければならないということを、思いおこさせるのである。

それゆえに、人間の自己理解が問題である。いかなる仕方で人間の行為が決定的にその時々の自己評価に依存しているかが、表1の八つの考慮段階についてのこれまでの論及においてすでにあきらかになった。その表はまた、行為において前提にされている人間像はけっして［あるべき］個人像であるばかりでなく、つねに同時に［あるべき］社会像である。

たとえば、人間はけっして自分自身からは他者を他者自身のために考慮することがないとしても、じつは人間は人間のもとでのみ存在しうるのである。人間をそのように解するなら、人間は自分のことばかりで他者自身のために他者を考慮などしないという人間理解は、人間にはあてはまらない。われわれは自然的共世界をその固有の価値において考慮する（3・5）義務があるという論証も、ある限定された人間像を前提にしている。もともと人間は自然に所属していると認めることをどうしても拒絶する人――したがって自分の身体と自然との同一視を拒否する人――は、したがって先の章の論証からも身を守ることができる。

人間の行為がある一定の自己理解の表現であるということは、日常の経験が語るところである。たとえば、路上で老女を助ける人は、この老女を助けることを義務とする人として、自分自身を理解している。そして、老女を助けるのではなく、私はいったい誰なのか、私は老女を助けるべきであろうという結論にいかにしていたるのかを考える人は、彼が誰であるかという問いに、彼は老女を助けないという彼流のやり方で答えるのである。何を買うかを決定することですら、その人がどんな人であるのか（あるいはどんな人でありたいのか）をはっきり示す多くの機会を提供するのである。

われわれの行為は――明白であろうとなかろうと――つねにわれわれの自己理解の表現であるから、自然的共世界の破壊ですら、人間とは何であり、われわれが自然全体のなかで存在するのは何のためかということについての、間違った前提にもとづいている。それどころかこのことこそ、環境危機がそこにおいて価値観の危機（Bewertungskrise）であることがあきらかになり、またわれわれが考えを根本からあらためなければならないところの、これから議論しなければならない中心点である。われわれは工業社会において自然的共世界に対立的にかかわっている存在以外の何者でもない、ということを洞察しなければならない。さもなければ、大災害（Katastrophe）を阻止することはできない。

私はこの章で私の自然史的アプローチのもとに、私がいかなる人間像を実践的自然哲学の正しい出発点とみなすか（5・1／2）を述べる。私の考えによれば、自然はわれわれの議題に上ることによってみずからを設えていくのであるが、われわれはそうした自然とともにある類である。そのさいどの程度まで人間が自然的共世界にたいする支配を行使してよいかは、キリスト教徒にとっては創造との連関からあきらかになる（5・3）。一般的に言えば、われわれがわれわれの自己理解によってわれわれを正しい連関のうちに置き、そのさいに間違った区別を行なわないということが重要である（5・4）。この章の最後に、私は自然存在である人間がどの程度まですべてのものに配慮する倫理の能力があるかという唯物論的問いを取り上げ、この問題の判定は正しい自然理解にかかっているということを示す。

5・1　自然史における人間

人間が自然に所属していること（自然所属性、Naturgehörigkeit）は、自然的共世界の工業社会的な理解においては盲点として展開される。今日の諸問題に取り組んでいる実践的自然哲学は、それゆえまさしくそれとは逆に人間が自然に所属していることを出発点として採用すべきであろう。人間が何であるかは、少なくとも基本的に人間以外の世界および自然全体が何であるかという問いにたいする答えを先取りすることなしには、論じられえないことはたしかなことである。自然的共世界にたいするわれわれの関係においては、まさしくわれわれが自然に所属しているということはつぎのことを意味している。すなわち、すべての人間規定は人間以外の世界に対立的に人間を限界づけるが、この限界がまた人間以外の世界を人間に関して限界づけるという仕方で、われわれは自然に所属しているのである。

それゆえに自然全体のなかで人間は何であるのか。人間であることのその他の世界との根源的連関とは、自然史的連関である。人間は動物や花、木や石とともに自然史のなかから、生命の樹における数百種の哺乳類、数千種の脊椎動物、数百万種の動植物のもとでホモ・サピエンスとして現われた。それらすべてが、そして自然の構成要素がわれわれの自然的共世界である。だが人間は世界に存在するだけではない。私が1・2で引用した一八七三年のニーチェの寓話がそのことを思い出させる。

賢い動物に関する寓話は、われわれをたしなめもする。数十億年が地球の年齢であり、数百億年が世界の年齢である。脊椎動物のうちの魚がはじめて存在したのは、おおよそ五億年前だった。その後、およそ三億千五百万年前に恐竜が出現した。さらに八千万年後に恐竜に爬虫類が続いた。血統史はそのようなことを教えてくれる。新生代において、すなわちこの二億年のうちではじめて脊椎動物と鳥とが加わったし、脊椎動物とともについに人間も登場したのであるが、それはほとんど二百万年も遡りはしない。そしてこの十万年でやっと、われわれの原始の先祖から今日のホモ・サピエンスが発生したのである。

それゆえわれわれの共通の根源は水であり、われわれの背後には海がある。そしてこのことをソクラテス以前の自然哲学が教えてくれる。アナクシマンドロスによって、すべての動物は水分のあるところで生まれ、人間ももともと魚のような生物として生まれたという自然史的思想が伝えられている。その後、二三の生物は陸に進出し、そこで定住するようになったのである。

最も誇り高い瞬間についてのニーチェの比喩は、自然史を人間の人生経験の期間に圧縮する。われわれがそれゆえこの三千年かけて認識したことを一刻に圧縮して映しだすとすれば、宇宙が存在するのはおよそこの十年であり、地球はおよそ一年であり、人類は半日であり、ホモ・サピエンスは十五分である。近代および科学と技術の漸次的発展にはおよそ十秒が割りあてられ、二十世紀には二秒が割りあてられる。原子爆弾の発見はほとんど一秒も前のことではない。

したがって、人間は天（Himmel）のもとでは多くの生物のうちのひとつであり、宇宙のなかに人間が存在するのはカゲロウほども長くない。このようにわれわれが人間の生を自然史の地平において理解し、けっしてその逆の仕方で理解することなく、［人間と自然の］関係を正しい位置に戻すことは、自分自身のことにだけ没頭している個人の発見に匹敵するのである。この個人のほかになおもさらに四十億人の個人が存在し、これらの個人は同じように考慮されるべきであり、また各人がそれぞれの優先するものをもっている。結論は二つの場合［自然史的宇宙的視点と人類史的個人的視点］においてそれぞれがもつ固有の意味を相対化することであり、重点の置き方を変更することである。すなわち、世界の尺度で測れば、われわれの個人的問題も人類的問題も似たり寄ったりである。

世界のなかで人間だけが重要なのではないということは、人間がまったく重要ではないとか、われわれの抱える問題は取るに足らないのだと理解されてはならないであろう。人間は万物の尺度ではないばかりでなく、人間は――真の尺度で測れば――何でもないというもうひとつの極だけを承認する人は、まだ反対の立場の誇大妄想に囚われているのである。私の考えによれば、この意味でニーチェは、もし彼が以下のように自然史内部での人間知性のはかなさから推論するのであれば、彼の批判は正当ではあるが誇張しすぎである。

ふたたび彼［人間］がお終いになってしまうなら、なにごとも起こらなかったであろう。なぜなら、人間の生を越えるようないかなる使命も人間知性にとっては存在しないから。（KSA I. 875）

それにたいして私の考えによれば、人間の意義は伝統的に——つぎのようなパスカルの葦についての美しい言葉におけるように——過大評価される。

人間は自然のなかで最も弱い葦にすぎない。しかしそれは考える葦である。人間を否定するためにすべてのものが身がまえる必要などない。人間を殺すには一吹きの風、一滴の水で十分である。しかし、すべてのものが人間を否定しようとしても、人間は彼を破壊するものよりも高貴であろう。なぜなら、人間は自分が死ぬということを知っており、人間にたいする宇宙の優位を知っているが、宇宙はそれをまったく知らないから。（『パンセ』347）

そうは言っても、宇宙はパスカルにおいてそしてわれわれにおいてやはり宇宙について何事かを知るのではないのか。もし人間が万物の尺度であるべきでないなら、それだけますますわれわれは人間とは何であるかという問いのまえに立つことになる。いかなる尺度にしたがって測れば、われわれは無ではないのか。世界のうちで生じるべきであるが、われわれなしには生じないようなものがあるのか。

5・2　実践的自然哲学――人間において自然は言語化される

人間は自然史的に多くの生物の一つであるが、そうした生物のなかでも特殊なものでもあり、こうした特殊なものとしても記述されなければならない。人間を共世界から際だたせるものは、まずはその多面性である。人間以外の生物のほうがより上手に泳げるし、うまく登れるし、速く走れる。だが、それらの生物のうちのほとんどが、人間のようにけっこう上手に泳ぎ、登り、走ることはできない。人間の卓越した性質とは――それが誤った方向への発展に使われないかぎり（11・1）――さまざまな条件のもとで生きることができる適応力である。このことは人間の最も重要な性質である表現能力や言語能力と連関している。

人間はゾーン・ロゴン・エコン（アリストテレス Politik 1253a 9f.）である。つまり、人間はロゴス、すなわち思惟・言語能力をもっているということが――自然存在としての――その自然的性質に属している動物（ゾーン）である。それは自然史的に見れば、自然が人間において言語化されるということを意味している。もっと言語能力のある動物が存在すると思われるとしても、そのことでこの事実は少しも変わらない。とりわけ人間の言語能力はまったく最高度に発展しているのだから。

たとえ山や小川、動物や花はおたがいに語り合わなくても、われわれがそれらの音を聞くとき、少なくともこれらについて何かを語らなければならないということも、自然がわれわれにおいて言語化されるということに所属しているのである。

自然が人間において表現されることになるその言語は、私の理解では絵画、彫刻、音楽、パントマイムといった言語手段をもちいない言語も包括しなければならない。したがって、私は言語でもって言葉の言語ばかりでなく、広い意味でのコミュニケーションの媒体、世界の文化をも考えている。自然史的には言語は、獲得形質（Lorenz 1963）の遺伝（伝承）能力である。これによって言語は、遺伝的進化へ向けた文化的発展のとてつもない加速をうながすのである。

自然史のなかで人類が形成されはじめてから百万年、人類は前ソクラテスの自然哲学によってはじめていやしくも自然（Natur）を、それがそれであるところのものとして、すなわちピュシス（Physis）と呼んだのであり、そのように自然をロゴスにおいて言語化したのである。ピュシスは、無意識的、外的に規定されて存在するのではなく、おのずからあるいは自覚的に存在する存在の様式である。〈自然（Natur）〉はピュシスのラテン語訳である。――ヘラクレイトスが語った（Diels-Kranz B 112）ようなピュシスに耳を傾けて――このピュシスというロゴスに注意を向けると、われわれは人類史の自然史にたいする関係を総じて、自然はわれわれにおいて自分にいたるのであり、われわれだけが自分自身にいたるのではないというように、人間的生の自然連関として考えることができる。われわれは自然史をそのように経験するのである。

われわれがロゴスのなかで何を聞き取るかは、行為と連関している。なるほど、自然哲学は（すでに1・1で言及したように）過去においては本質的に理論哲学として営まれていた。だが、われわれは環境危機の今日では、もはや自然哲学を理論哲学で済ましておくべきではないだろう。なぜなら、いまや自然における人間の行為が問題になっているからである。

実践哲学の普遍的テーマは、人間の行為にかかわっている。実践哲学は過去においては、人間と人間との関係の問題に制限されていた。それにたいして、自然におけるわれわれの行為を評価することが実践的自然哲学（K. Meyer-Abich 1979a）の課題である。私はその出発点を以下のような構造にしたがった人間の自然所属性のうちに見る。すなわち、

1. われわれは認識的ないしは変革的に自然にかかわる。
2. われわれは自然の一部である。
3. われわれは自然にかかわることによってわれわれ自身にかかわる。
4. こうしてわれわれは自然をわれわれ自身の自然として経験する。

それゆえに、自然は人間において自己関係にいたるし、同じく人間は自然において自己関係にいたる。

自然を言語化し、そして自己にいたらしめることが、私の考えによれば地上にある数百万の動物種や植物種のなかでとくに人間に与えられた課題である。自然史の全体のなかでそして自然史の完成のために、いかにこの課題が比類なき重要なものであるかをわれわれはおそらく知ることができ

ない。しかし、この課題はわれわれにとって重要である。なぜなら、この課題はわれわれの課題であるから。われわれはこの課題をただ知覚するだけで、捉えそこなうかもしれない。だがたぶん、ゲーテがかつて言ったように、宇宙が自己自身を人間において体験するなら、宇宙はまさしくどっと歓声をあげるだろうということは正しい。

人間の健全な自然がひとつの全体として働くなら、人間が偉大で美しく威厳があって価値のある全体としての自然のうちに自己を感じるなら、調和がもたらす満足感が人間に純粋で自由な歓喜を与えるなら、そのとき宇宙は、自分自身を感じることができて、自己の目標に到達したものとしてどっと歓声をあげるであろうし、自己が到達した固有の生成および本質を賞賛するであろう。(1805, HA XII. 98)

私はつぎのことを加える。私の考えによれば、人間が世界の全体において完全な人間となるときに、宇宙は自己自身を人間において感じることができると。宇宙はケプラーにおいて自己を感じたし、ゲーテにおいてもそうだった。全体の表現としてわれわれは生命に関与する。われわれは自己自身とだけかかわるのでも、われわれ自身と同じ人間とだけかかわるのでもない。人間社会は、ケプラーやゲーテの自然に関する断片でつぎのように言われているように、われわれとともに進んでいく自然である全体の部分にすぎない。

> 自然！　われわれは自然によって取り囲まれ、絡みつかれており、――自然から歩み出ることもできず、また自然のなかへ深く入っていくこともできない。自然はわれわれを喜んで招くでもなく、また警告することもなく、おのれのダンスの循環のなかに採り入れ、われわれが疲れてしまい、その懐から落ちるまでわれわれとともに自己を前へ駆り立てる。（1783, HA XIII. 45）

自然がわれわれとともに自己を前へ駆り立てるのであれば、自然がわれわれの生命であるばかりでなく、われわれこそまた自然の生命に以下のように空間を与える存在なのである。すなわち、自然はわれわれにおいて自己自身の意識にいたり、そうして自己へいたるというように、自然はまったく特殊な仕方で現実的となるのである。われわれが世界を貫くとき、自然もまたわれわれをつうじて貫き通すのである。このことは全体だけからでも部分だけからでも思惟されうるのではなく、全体と部分の両者が重要であることを意味している。自然がわれわれにおいて言語化され、こうして自己へといたるということをつうじて、われわれは生命に参加するのである。

自然が人間においてもっている自由の機会を捉えるか、捉えそこなうかどうかは、われわれにかかっている。だが人間のこうした特別な役割も、プラトンの対話篇『ティマイオス』（92c）で語られているような、すべての類を包括する巨大で広大な生命世界の多くの他の部分のうちの一部分の役割にすぎない。このように人間の現存在は、生命の自然連関のなかでのみ全体的なものでありうる。われわれにとってふさわしいものは、われわれが所属しているもの［自然］から生じる。人間中心的世界像のかわりに、自然中心的世界像が登場する。つぎのような自然哲学者ヨハン・ヴィルヘルム・リッターの言葉とともに。《全自然が類であり、すべての交尾において全自然を産出する。》（1810/1969, 659章）

ニーチェの批判は、私が人間の特殊性について語っていることをいささかも閉め出すものではない。だが人間はしょせん人間であるので、われわれの知性は自然界のすべての生ける力のもとでは影のようなはかないものであり、それゆえそうした知性の所有者はあたかも世界の軸が人間を中心に回っているかのように人間を仰々しいものとして受け取ってしまうのである。工業社会はこうした要求を実践的になし遂げようと試みるし、それゆえ人間を万物の尺度にしようとするから、この要求を極限まで駆り立てる。いっさいのものが人間から見られるべきなのである。人類は自然とともに自己を前へと駆り立てるが、自然はわれわれとともに自己をそのように駆り立てるのではない。ニーチェの批判は一挙にそこにある不遜、思いあがり、冒瀆といったものを認識させる。いっさいであるべきという要求に比すれば、われわれは無である。しかし、われわれが現に存在していることを勘案すれば、われわれは全でも無でもない。

ニーチェ自身は、私の考えによれば今日重要であるところのものを、他の箇所では見事に以下のように言表した。

古い人間、それがもっている動物性、それどころかすべての感覚的存在の全過去が私のなかで濃密になっていき、それを愛したり嫌ったりして私のうちに含んでいるということを私は自覚し発見した。——すなわち私はこの夢の途中で突然目覚めたのであるが、私はただ、私がまさしく夢を見ているということ、また夢遊病者が零落しないために夢を見つづけなければならないように、私は根拠にいたらないためにさらに夢を見つづけなければならないということを意識したにすぎない。（1882, KSA III. 416f.）

われわれのなかに残っている自然史を思いおこし現実化するときに、われわれはわれわれを人間において歴史的に生成する自然として経験する。夢を見ている人は、夢を見ながら夢を見ていることを自覚するとき、夢を中断するのだが、そういうときにのみ自然からの距離を獲得し余裕が得られるのである。これが自覚に達するということであり、同時に思惟が自分自身を自然史の過程として経験するということを意味している。心理療法士は夢の働きから、自然はこうした限界体験において自由へいたることができる（Erdmann 1974）ということを知る。われわれは《思惟を自然内部のひとつの過程として理解することを学ば》（Picht 1974, 143）なければならない。

われわれはゲーテの両命題を結合するときにはじめて、人間的実存の特殊性を正しく全と無とのあいだに見てとる。すなわち、自然はわれわれとともに自己を前へと駆り立てるが、同じく他のすべての生物とともに駆り立てる。自然はわれわれにおいて言語化され、人工化されることによって、われわれとともに自己を前へと駆り立て、同じく自然は人間以外の生物の生命を生きることによって、人間以外の生物とともに自己を前へと駆り立てるのである。われわれの生命も共世界の生命も自然の生命である。しかし自然の生命がわれわれにおいて自己を実現するときに、自然はおのれの目標に到達したとしてどっと歓声をあげるだろうし、おのれの生成と本質の頂点を賞賛するであろう。このことは、自然が人間以外の生物の生命においてもおのれの目標に到達しうるということを排除しない。しかしながら、「自然の自己実現が」われわれの生にかかっているというとき、それはわれわれがわれわれのうちにある自然の可能性を実現するかどうかを意味している。

われわれがわれわれを世界の中心として感じる思いあがりを取り消すならば、世界の中心をわれわれのうちに感じつつも逆に全体と結びつけられるために、われわれは自由になる。われわれは全体の部分としてわれわれを経験することによって、われわれは全体をその総体性（Ganzheit）において経験する。そのときわれわれはもはや自然を絶対に「それはわれわれである」として経験するのではなく、「われわれが自然である」ことを経験する。われわれは自然によって取り囲まれ、絡みつかれており――自然はわれわれを喜んで招くでもなく、また警告することもなく、おのれのダンスの循環のなかに採り入れ、われわれとともに自己を前へ駆り立てる。

それにもかかわらず、おそらくニーチェは、われわれが存在することをやめてしまうなら、結局なにごとも起こらなかったであろうということでとどめておくであろう。しかし、《なぜなら人間の生を超え出ていくようないかなる使命も人間知性にとっては存在しないから》、というニーチェの根拠づけには私としては同意できない。人間の生を超えるような使命［5・3参照］は存在する。それどころか、この使命はいままで語られてきたことを越え出て、人類が自然支配を行なうということすら正当化するかもしれない。

5・3　共世界の人類への期待

科学と技術にたいする信仰がまだ打ち壊されていなかったとき、神学者フリードリッヒ・ゴーガルテン（Friedrich Gogarten）は科学と技術のなかに世俗化されたキリスト教信仰を確認していた。だが逆にリン・ホワイト（Lyn White）の画期的講演（一九六七年）や《キリスト教の冷酷な結末》（一九七二年）にたいするカール・アメリー（Carl Amery）の批判以来、公共的意識のなかに以下のような解釈が拡がった。すなわち、われわれは「創世記」1.28で与えられた指示にしたがって地上を支配するよう命じられていたから、キリスト教は今日の環境破壊について共同責任があると。われわれはいまやこの点について考察することになろう。そしてこうした考察をつうじて環境問題へと入っていきたい。それにしても多くの神学者が聖書の世界観ですら完全に人間中心主義的なものとみなしている（たとえばDrewermann 1981）。

しかしながら、今日的不幸を聖書の支配命令に帰すことは神学的には根拠がない（Westermann

1966, Liedke 1972, Altner 1974, Steck 1978, Krolzik 1979)。そのうえさらに、聖書から自然的共世界に関して非人間中心主義的倫理を根拠づけることが可能である。旧約聖書において自然における支配権が付与される人間像は、人間中心主義的な世界像がもつ人間像ではないということが、まさしくその決定的根拠である。われわれはたとえ誰であろうと共世界にたいする正当な支配力をもつのではなく、まずわれわれはいかなる人間としてこの支配力を要求していいのかということが問題である。「詩篇8」もまた支配してよい人間とはどんな存在であるかを以下のように訊ねている。

> 汝の指の作品である天空、汝の創り給いし月と星を見ると、汝は幼き人間を思い、その人間を心にかけておられるが、そうした人間とは何であるか。汝は人間を神よりも少し低くつくり、光栄と尊さとで人間を飾った。汝は人間を汝の御手の作品の支配者となし、すべてを人間の足元に置いた。すべての羊や牛、野の獣、空を飛ぶ鳥と海中の魚、そして海を泳ぐいっさいのものを。

それゆえに、天空と地上に関して、われわれ自身がその一部である被造物の全体に関して、われわれが自然的共世界を支配すべきであるということを採用できるとすれば、それはいかなる自己理解においてなのか。いかなる尺度で測れば、この支配はわれわれに割りあてられるのか。いかなる要求のもとでなら、われわれはわれわれの共世界にたいする支配力を要求してよいのか。

私が天空を見るとき——汝が人間を思うというその人間とは何であるのか。われわれがいかなる者であるかはわれわれのコスモスにおける位置から生じる。私は自然史的解答を先行した章で与えた。聖書における創造の歴史は、人類が一定の仕方で自然支配を行なうということについて正当性を与える。しかしながらそのさいには、人間の自己理解が決定的である。

旧約聖書は「創世記」とともに始まるのであるが、そこでは人間が自然的共世界を支配していいという割りあては、人間が神の像として創造されたという自己理解においてのみ生じる。これがわれわれが応じるべき人間像である。創造者の像として創造された人間には、創造において支配力が与えられるのである。——この尺度にしたがって測るなら、われわれはこの支配力をわが物にしてよい。

ヘブライのテキストで人間のそれ以外の創造物にたいする支配を印している言葉は、確固とした言語使用、王国の言語使用に属している。……全古代によく知られた宗教上の王国にとって、王は彼の支配領域で彼に支配されている人びとの幸福（Wohl）にたいして責任を負っているということが、その基礎のひとつであった。王は幸福（Segen）の媒介者であった。……王による支配の遂行は、王の支配のもとにある者の搾取を認めてはならなかったし、行なってもならなかった。（Westermann 1974, 204）

被造物における人間の支配はそれゆえに、神の創造行為がもつ手本にしたがって、そして造物主にたいする責任のなかで実行されるべきである。つまりわれわれが将来ふたたび神の前に立つとき、われわれは神にたいする責任を問われるのである。工業経済的環境破壊にたいして、われわれはわれわれを正当化しえないであろう。

しかし、結果においてではなく、それが基で生活基盤の破壊にいたるその思惟はもう責任を負うことができない。すなわちわれわれは造物主の代理人（Stellvertreter）として行為すべきであり、またブドウ栽培職人が彼に委ねられた農場をいかに管理したかをブドウ畑の主人が評価しようとするとき、ブドウ栽培職人がブドウ畑の主人に責任を負っているように、われわれが造物主にたいして責任を負うべきであるなら、まさしく人間ではなく、神こそが万物の尺度であることになる。

それゆえ、人間中心主義的世界像は旧約聖書によって正当化されうるのではなく、不信心や思いあがりの産物なのである。しかしながら、本来のキリスト教、すなわち新約聖書から見てもそれは正当化されるものではない。新約聖書では、すべての創造物はキリストによってそしてキリストにもとづいて創造されたと言われており、（「コリント人への手紙」1,16、「ヘブライ人への手紙」1,2を参照）人間によりそして人間にもとづいて創造されたのではない。福音書は天空の下に存在するすべての被造物にお説教したのである。（「コリント人への手紙」1,23、「マルコ福音書」16,15）これは、ブドウがブドウの木にかかわるように、われわれがキリストに関係する奇妙な過程である。すなわち、われわれが実りをもたらすかぎりにおいて、われわれは実りをわれわれよってもたらすのでも、われわ

れのためにもたらすのでもない。《私なしにはお前たちは何も為しえない。》(「ヨハネ福音書」15, 5)
キリスト教徒は、われわれ人類を人間的生を超えて連れ出す使命が何であるかも知るべきであろう。もっともニーチェはこうした使命は認めなかったが。だがこうした使命はつぎの点にある。すなわち、われわれの自然的共世界は食うか食われるかといった自然のもつ残酷さに悩みつつ、救済を願い、人間から救済の兆しを期待するという点に。

創造されたものの憧憬は、神の息子が啓示されることを待ち、……創造された者自身もまた破滅への隷従から神の子の栄光の自由へと開放されるであろうという希望を待つ。なぜなら、われわれはすべての創造された者がすべてため息ばかりつき、いままでひどくなにかを恐れているということをわれわれは知っているから。(「ローマ人への手紙」8, 19–22)

《われわれはキリスト教徒であり、われわれが全創造物の解放の兆しであるべきである》と、ゲアハルト・リードケ(Gerhalt Liedke)は書いている(1984, 6)。創造物は、いつか自分たちから何が生成し、自分たちは何を希望しうるかをわれわれにそくして見ることができるはずである。われわれの自然的共世界は苦しみつつも以下のことをわれわれによって期待する。すなわち、われわれはこの苦しみをできるだけ大きくせず、いかなる仕方で創造物がわれわれの堕罪以来創造物にのしかかっている呪いから救済されうるかを、われわれが世界のなかで啓示することを期待する。だが、われわれの生命も創造物に所属している。ヴァルター・ビンデマン（Walther Bindemann）はローマ人の手紙の包括的で詳細な解釈を与えている（1983）。

われわれはキリスト教徒であるかぎり、人間中心主義的に考えてはならない。われわれは自然的共世界にたいして、われわれが力の及ぶかぎり努力して実現することができたり、あるいはできなかったりする使命をもっている。残念ながら教会はさまざまな信仰告白においても、われわれがそうした使命を実現するということにいままでのところ十分には寄与していない。キリスト教神学ですら、思惟を人間にばかり集中させ、他の創造物全体にはほとんど見向きもしなかったから、人間中心主義的世界像にたいして共同責任がある。

5・4　間違った区別——人間社会は閉じられた社会であるか

いかなる人間像が正しいものであるかは、学問的に証明されうるのではない。そうではなく学問はいままでずっとある一定の人間についての自己理解を前提にしているのである（9章）。過去において、さまざまな文化に応じた人間像を伝えてきたのは、とりわけ宗教であった。今日では、そうした宗教的人間像にかわって、たとえば人間中心主義的世界像のような世俗的様式をもった宗教的内容が登場してきた。しかし、いかなる人間も、行為において個人的かつ社会的に規定された自己理解にしたがって関係することを免れない。

それゆえ、ある人間像が正しいということが学問的に証明可能ではないということは、あるべき人間像を語る場合に真理を問題にしてはならないということを意味するものではない。真理というものは実存的問いにおいては、まさしくしばしば学問的確証の形式をもたないのである。

真の倫理学は、この章において根拠づけられる人間的実存の自己理解にしたがって、われわれはわれわれの行為においては、それが有機的であろうと無機的であろうと全自然的共世界を考慮するということを要求する。それを論証するには以下のことが決定的である。その考慮をより明確にすることは、付随的にだけみればわれわれの行為がかかわっている対象がもつその時々の特殊な性格から根拠づけられうるのだが、本質的には前提される人間像にもとづいているということ、これが重要なのである。このことは1章の表1では愛国主義である第二、第三段階にたいする第一段階の自己中心主義にあてはまるばかりでなく、その拡張様式である第六、第七、第八段階にたいする第四、第五段階の人間中心主義にもあてはまる。

愛国主義的立場は——社会的様式であれ、民族的様式であれ、国際的様式であれ——自己中心主義とまったく同様にそれに相応する人間像によって強固に形成されうるのである。ふつうにはさまざまな人間が同一尺度を与えることはないし、多くの人には人類にとって善く見えたり悪く見えたりするものが、詳しく見れば一定の人間、あるいは人類の一定部分、たとえば先進工業国あるいは二、三の先進工業国にとってそうであったりするものである。

実際今日の経済活動は、せいぜい表1の八段階のうちの第三段階である民族的段階で展開しており、多くの国があきらかになおそのような段階にある。第三段階に達した工業国は今までは十分に第三世界を考慮していない。また工業国が第三世界のめんどうを見るにしても、発展途上国が考慮されるのはやはり工業国の利益につながる場合だけである。それゆえ、今日の状態ではなるほど国際［国家間］経済（Internationale Wirtschaft）はあっても、世界経済（Welwirtschaft）は存在しないのである。

すべてのこうした差別は結局、さまざまな人間や社会にたいしてさまざまな仕方でかかわってもよいということにもとづいている。だがそこには、行為においてその時々に該当する区別が正しいかどうかという問題がある。すなわち、間違った区別（差別）もあるのである。

たとえば私は、男女を政治的に区別することは間違った区別であると思う。なぜなら、《それをつうじて国家が存立を得ているすべての仕事のなかで、女が女であるがゆえに、あるいは男が男であるがゆえに与えられるような仕事などまったくない。》（プラトン『国家』455d）それゆえプラトンはすでに女性の男性との同権を主張している。しかし人間存在およびそれに結びついた権利の観点から見れば、さまざまな人種のあいだで区別が存在すべきでないという点において、いまだにまだ世界じゅうで進歩を達成できていない。行為において性や人種から独立にすべての人間を同じように考慮することは、人間の人間性に属している。

人間的共世界をそれ自身のために考慮して、それ以外の自然的共世界からそれだけ取りだして際だたせることが真の区別でありうるのか。このことが正しいものとして認められるのは、自然的共世界をその固有の価値において尊重し、自然的共世界において全体にたいする一定の責任を認識すべきことが、最初から人間の人間たる所以に属していないときだけである。すでに人間社会（menschliche Gesellschaft）においてではなく、動物や植物、大気や水、空や地とともに自然的共同体（natürliche Gemeinschaft）においてのみ真に人間たりうるということが、人間の本質として人間の規定のなかにあるのであれば、人間自身のためにいっさいのものを考慮するということがわれわれの人間性に所属しているかどうかという問いにたいして、それを肯定することははたして自明のことであろうか。

しかしながら、人間社会が独立した閉じられた社会であり、自然的生命共同体の一部分としてあるのでないのなら、人間ではないすべてのものの固有の価値を問うことは有効であるだろう。こうした人間社会と自然との関係を人間の歴史から見れば、この関係と類似しているのは征服民族と被征服民族の関係である。すなわち、征服民族は自分自身の文化をもたらし、被征服民族と領土にたいして自分自身の征服者としての存在以外のいかなる関心ももつ必要がないのである。

ただし、征服民族といえども、原住民を共人間として、自分と同じ人間として捉えることに抵抗することはできないので、原住民は原則的に征服者自身がおたがいを扱うのとは別の仕方で扱われるべきではないのである。征服者が同じ人間として原住民に固有の利益と固有の権利を認めなければならなかった――私が8章で共世界のためにこのことを提案するように――のは、たとえば奴隷に自由と市民的権利を与えるのと同じように、当然の帰結でもある。

それゆえに、より適切な考え方はわれわれの惑星をコスモス的な力によって屈服させることであろう。そうした力はおそらく当然のことではあるが、地球や人類にかかわるいっさいのものを人類自身の欲望を満足させるために扱う機会や、資源が消費されてしまった後で資源をゴミの山として残すような機会をけっして与えないであろう。アメリカインディアンの酋長シアトルは北アメリカの白い征服者をつぎのように感じていた。《彼（白人）には大地の一部はそれ以外のすべての部分と同一である。なぜなら、彼は夜になったら来て、彼が使用するものを土地から受け取るよそ者であるから。》（1855/1982, 17）

それにたいして、自然中心主義的人間像は、人間はすでに人間社会においてではなく、自然共同体のなかで動物、植物、空気と水、天と地とともにあるときにのみ真に人間たりうるということを意味している。それにしたがえば、人間中心主義は間違った区別にもとづいている。われわれは自然史的に自然的共世界と類縁関係（verwandt）にあるのだから、自然的共世界をそれにしたがって扱うべきであろう。

5・5　正しい生存競争

私は人間の自然所属性を実践的自然哲学の出発点としたのであるが、そうであるからには私は以下のような反論を受け入れなければならない。すなわち、自然存在である人間はいったいどの程度まで、自然を言語化し、倫理的活動においていっさいのものを考慮して行動することができるのかと。この反論に答えないなら、人間が粗野であり道徳的に弱いことが人間の自然史的起源に訴えられることになる。もし多くの人がそのように考えるなら、われわれはわれわれの進化上の起源にしたがって、人間はつねに自分の利益だけを探し求め、他者をけっして他者自身のために考慮することなどない素質をもっているとされる。

生存競争が人間の自然史の一部をなしているかぎり、われわれは勝利者の子孫である。だが、このことがどの程度当たっているかは、未解決の問題である。私はこれまでの考察のなかで、どの程度そのような闘いが進化させる力になってきたかを未解決のまま議論を進めることができた。［これまでは］自然史はあったのであり、そして自然史がすべての生命に連関を与えるということだけが重要であった。いまそこにとどまることができないとしても、私は生存競争がわれわれの背後やわれわれのうちにあるかどうかが決定的な問いであるとは考えない。

なるほど、種のあいだでも、ひとつの種のさまざまな個体のあいだでも対決が存在するのだが、自然史のなかでも同様にそのような対決がおそらく存在したであろう。だが、最も強い者が生き残るかどうかが決定的に重要な問題ではない。というのは、このことは同語反復であるから。われわれはまさしく生き残るものを最も強い者とみなしている。それゆえに、本来この問いが意味しているのはまさしく、誰が最も強い者かだけでありうる。それは、がむしゃらにやることが一番と理解している思慮のない者（あるいは別の種類のがむしゃらさをもっている者）であるのか。このことはまったく自明ではない。生の闘いのルールは、結局善きものが勝つということなのかもしれない。

思慮のなさがたえず利益を作りだすということが日常の経験に一致しているのか。私が見るかぎり、思慮のなさが利益を得るチャンスは、ルールに則った思慮あるふるまいが例外的に無思慮でもって打ち破られる場合だけである。しかしすべての人間がルールに無思慮であるならば、これはすべての人の不利益となろうし、誰一人として一般的に他人を考慮するという制約のもとにあるときよりもうまく事を運べないであろう。プラトンはこのことを彼のプロメテウス神話で記述したのである。

その神話は以下のことを伝えている。すなわち、欠陥存在である人間が少なくとも技術的な意味で生き延びることができるようにするために、プロメテウスは神々から火――エネルギー――と、火を使うために必要な知識を盗んだと。人間は自由に利用できる十分なエネルギーをもっていたが実際には生存できなかった。なぜなら、人間はまだ政治的技術を知らなかったからであり、言いかえると、人間はまだ相互的な平和のなかで生きることができなかったからである。それゆえに、ゼウスは共存のために――自然的諸前提を越えて――必要な秩序を人間に与えるためにヘルメスを送った。この秩序を受け入れるために人間に欠けていたもの、したがってヘルメスが人間にもたらしたものとは、まさしく相互的な尊敬と法（プロタゴラス、322c2）であったし、それゆえに相互に考慮しあうという技術であった。

私は自然中心主義的人間像のための私の最終弁論を、これまで述べてきたことを踏まえて以下のような短い公式にもたらすことができる。すなわち私の考えによれば、われわれは今日自然的共世界にたいして求められる尊敬を獲得し、人類を越えた〔自然の〕権利を普遍化するために新たに〔ヘルメスのような〕神々の使者を必要とするということ。

おたがいに考慮しあうことによっておたがいに平和のうちに生きることができ、それによって一人でいるときより〔より強く〕生き延びることができるようになったことが政治的成果であるが、このことはいささかも生存競争に反していない。平和と和解（Frieden）を保ちうることこそ、生き延びることに役立つ強さである。トマス・ホッブズも同じことを論証した。ただし、われわれはこの生き延びることの利益をまだけっして十分に獲得したわけではない。しかし、国際平和が危険に曝されており、これまで自然との和解がほとんど問題として取り上げられなかったということは、われわれが遺伝的に生存競争を求める者として間違ってプログラム化されているということに原因があるのではない。

もちろん、自然史上の諸対決が導くのは、〔それによって〕比較的最高の性質が形成されるということだけであって、過去を生き延びることが未来のための保証を与えるわけではないのである。人類が滅んでいくことが間違いないのであるなら、その理由は理性の一面的発展にあるのであって、けっしてわれわれがもっている理性一般の遺伝的素質にあるのではない。この一面性こそが、私がこの著作の第Ⅲ部で述べるように、科学と技術において、われわれがこれまでのところ政治的にそこまでは成長していなかった自然的共世界にたいする全面的権力掌握へと導いたのである。エネルギーや技術的力を自由にもちいることができる裏には、われわれが和解と平和の能力(Friedensfähigkeit)において遅れをとっていたということがあり、そのかぎりにおいてわれわれの状況はプラトンの神話における人類の状況と似ている。

　近代的理性の一面的発展は遺伝的に決定されたものでないことは疑えない。なぜなら、人類は政治的に教養を積みながら再三再四理性が何であるかをあきらかにしてきたから。私の考えによれば、こうしたもののなかで最大の成果が近代の法治国家であるが、私はまさしくこの法治国家を、人類を超えて［自然まで拡げて］普遍化することを提案する。それゆえに、われわれが遺伝的に確信しうるのは、まさしく和解［平和］と非和解［非平和］との柔軟性であり、けっして一面性ではない。われわれはこの柔軟性のゆえに自然史から現われ出でたのである。その他のすべてのことは、自然の賜物である理性の問題である。

　通俗科学的な時代理解においてときおりくり返される思想、つまり人間には悪への遺伝的素質があり、そうした素質に人間の行為の責任を負わせようとする思想を、私はただ退化と見なすことができる。なぜなら、――たとえ遺伝的に固定されていたとしても――われわれの自然史的任務がもとづいている理性能力は、善と悪への能力であるから。ギュンター・アルトナーは正当に以下のようにコメントしている。

> 生存への危機が生物学的運命ないしは創造の織り傷として解釈されるなら、その解釈は人間がその選択能力において高くも低くもなることができるという、すべての文化と宗教のうちに現存している洞察を忘れている。人間は……善と悪のあいだで選択しなければならないし、自己破滅の危機においてもそうでなければならない。いかなる遺伝学者もわれわれの助けにはならないのである。（1984, 120）

悪を遺伝的に説明する思想は、技術的成果によって人類にパラダイスへの帰路を開くというフランシス・ベーコンの説明と同様に、思慮の浅いものである。私の考えで重要なものであり、一見したところでも重大であると考えられるのは、自然のなかの理性（Vernunft in der Natur）であるが、それは認識［精神］から食前の状態［身体］へ戻ることではないし、精神の騎士がそうしたように自然の彼岸の理性でもない（4・3）。そうではなく、思惟は自然のなかの過程である（Das Denken ist ein Prozeß in der Natur.）。われわれは自然史を見下すべきでも、見上げるべきでもなく、自然史のなかで自然を話題にすべきである。

それゆえ、われわれはもともと善と悪の能力、すなわち自由をもっており、悪の現実性をもっているのではない。

しかし、人間はこれまでずっと、人間の行為における悪をとりわけ自然に限定されたものとして説明しようと試みてきたし、それゆえ自然に悪を押しつけようとしてきた。こうして人間の過ちの最大の安易な正当化が生まれる。ダーウィニズムも再三再四、この無責任で良心の呵責を感じないことを正当化するために乱用されてきた。そこでは人間の卑劣さは自然的共世界に支配されていたのだが。ウイリアム・ロングが自然的共世界をそうした考えから守ったことは正しい（1923/1959）。

人間の不正を唯物論的あるいは生物学的に正当化することとの古典的対決が、プラトンによって『法律』X巻で行なわれている。私はそれについては他所で詳しく扱った（1982）のだが、ここではこれと関連する結果の要約だけをこの章の終わりで述べる。

5・6　唯物論者の間違った自然概念

プラトンの時代には、唯物論的ないし還元主義的学問構想が、今日でもなお多面的に主張されるのと同様の仕方で存在した。この構想はアナクサゴラスにまで遡ることができるが、それは生じるところのいっさいのもの、とりわけすべての生命現象を物質的なものに還元することを認識の理想とするところから帰結した。プラトンはアテネの牢獄での最後の日の師匠ソクラテスを、囚われの身であるソクラテスが還元主義的学問傾向から見ればいかなる仕方で説明されうるか記述している。

ソクラテスの身体をつくっているものに、骨と腱がある。骨は固く、各片は分離されて、関節のところでつながっている。他方、腱は伸縮自在なものであり、それが肉やまた以上の全部をひとつに保持する皮膚とともに骨を包んでいる。さて、そこで骨が、それの結合部において自由な動きをなすときに、腱が伸縮して、わたしがいま四肢を曲げるようなことを可能にするのであり、そしてじつにこの原因によって、わたしはいまここに脚を曲げて座っているのである。……そして真に原因であるものは、これをいわずに放っておくのだ。〔真の原因は〕アテナイの人たちが、わたしに有罪の判決を下すほうが、よいと思ったこと、そしてそれゆえに、わたしとしても、ここに座っているほうが、よいと判断したこと、そして彼らの命ずる刑罰ならなにであれ、この地にとどまってそれを受けることのほうが、正しいと判断したことにある。そうたしかに、犬に誓ってもいい。おもうにわたしが、国の課する刑罰ならなにであれ受けるべきであるということを、逃亡し脱出することよりも、正しいことであり、うつくしいことであると、もしそう考えなかったとしたら、最善ということの思いなしにみちびかれて、この腱も骨も、もうとっくに、メガラかボイオティアにでもあったことではないか。〔一九七五年に発行された岩波書店の『プラトン全集1』にしたがった。〕（『パイドン』98c5-99a4）

こうした学問批判は古典的自然学、とりわけその徹底した機械論的形式に当てはまる（4・4参照）。世界はどの程度理性に適っているかは、すべての出来事が機械的かつ生理的に順調に進んでいるということで示されるものではないのである。

だが、機械論的学問プログラムにたいするプラトンの批判は、一般に生命現象は物質的過程に還元されるべきであるということにかかわらない。たとえば、プラトンは神々である諸惑星は大地と石であり、それゆえに物質的である（アナクサゴラスは土地が神を喪失しているがゆえに、このテーゼを指摘した）ということにけっして反論しなかった。ただ彼は大地と石は何であるかというさらなる問いを立てた。C・F・フォン・ヴァイツゼッカーも同様の立場に立っている。すなわち、人間が物理的体系であるということが彼にはなんら問題ではないとしても、哲学者としての彼はそれでも問うことをやめるのではなく、さらにそもそも物理的体系とは何であるかを熟考するのである。

それゆえ、すべての出来事は物質の運動に還元されるべきであるという唯物論的テーゼにたいするプラトンのリアクションは以下のとおりである。すなわち、そもそも物質とは何であるのか。プラトンは、いっさいのものの根源として物の自然［本性］を問うことを、唯物論者と共有している。だが、唯物論者の誤りは、唯物論者が正しく立てられた問いにたいして軽率に地、水、空気、火の四元素で満足し、《またこれらをまさしくピュシスと名づける》（『法律』891c3）という点にある。

それにたいしてプラトン自然哲学の根本思想は、思惟の運動も感性界の運動も根本はひとつであり、同一の本性をもつということである。この意味でプラトンは仮説的（よき根拠から主張されるイデアが存在するという仮定）イデア（Ideenhypothese）の支持者に、認識することもまた運動であるということを示そうと試みているのである。唯物論者は逆に、間違って感性界こそリアルな世界だと考えたとしても、それが何であるかは目に見えないイデアの存在に負っているということを洞察すべきである。

プラトンは仮説的イデアから生じてきた問題をよく知っていた。彼はパルメニデスへのプロローグでこの問題を要約し、彼の思想をつぎの問いに集約した。すなわち、私の考えによれば、やっとイデア論と名づけるに値する哲学によっていかなる仕方でこの困難な問題に対処できるか、という問いに。思惟の運動と感性界の運動が根源を同じくするということは、魂の正しい理解をもつこのイデア論においてあきらかになるであろう。

なぜなら、イデア論によれば、世界は魂が理性と物質相互に場所を与えることによってのみ、できるかぎりの善きものであるからであり、それに反して魂なき世界にはいかなる理性も帰属しえないからである。唯物論者は現象を物質的なものに還元することで満足するから、このことを見逃すのである。

第一のもののもとに、火や空気ではなく魂が生じたというように、魂こそが第一のものであることがあきらかになるなら、そのときたしかに、魂は卓越した仕方で自然に所属するということが最も正しいこととして語られてよい。(『法律』892c3-5)

だがその場合には、理論的な自然哲学的論争が肝要であるばかりでなく、プラトンにとっても唯物論者にとっても倫理的かつ政治的論争が重要であった。だが、事物の本性がその物質性のもとに理解されるのか、とりわけ世界霊魂が根源的なものとして理解されるのかどうかが、いかなる実践的意味をもっているのか。

プラトンは唯物論者と自然哲学的立論を分けあうばかりでなく、人間社会の秩序も結局は、天体の秩序や生物界の秩序と同一の自然［Natur：本性］に所属していなければならないという期待をも分けあっている。この近代において廃棄されてしまった要求を、私は自然の法共同体（Rechtsgemeinschaft）という観点から8章でふたたび取り上げるであろう。プラトンが論争した唯物論者たちは、以下の二つの仮定を結合した。

――すべての出来事は結局四元素の転換に由来し、それゆえこれらの元素がすべてのものの本来の自然であるということ。

――社会秩序において、〈強者の権利〉はいわば四元素に還元可能であり、したがってそれは自然であるということ。

強者の権利でもって以下のことが考えられていた。《自然に適った正しい生活様式は実際には以下の点にある。すなわち、人は生において他者を支配するのであるが、法律にしたがって他者を屈服させるのではない》（『法律』890a7ff）。すなわち力（Gewalt）への権利が考えられていたのである。

――物質の存在についてさらに深く問うことがない唯物論的自然科学が、当時すでに強者の権利と名づけられていた暴力倫理（Ellbogenethik）を正当化できるなんてことは、いまやもちろんまったく証明不能のでたらめな主張である。だが、プラトンはこの欠陥証明を指摘することで満足しなかった。すなわち、唯物論は今日と同様に当時も、神は存在するのではなく、すべての現象と過程が〈自然的仕方で〉説明できるということを示さなければならないし、またそれによって唯物論は強者の権利だけではない権利の基礎づけをなそうとするやいなや、かならず困難に直面することになるのである。

それゆえに当時すでに実践的意図をもった自然哲学が問題であった。感性界の真理は法廷での真理であること、また全体の本性は社会秩序の真理であることもあきらかになるだろうという期待を、プラトンは唯物論者と分有した。だが、唯物論者は――プラトンがイデア論にしたがって基礎づけることができたようには［唯物論者は自然を理解していなかったのであって］――最初から間違った自然認識をもっていた。したがって、唯物論者は一方で感性界の不十分な認識を得ようとしたのであって、他方でそこから受け入れがたい倫理的政治的結論を引き出したのである。

それにたいして、プラトンはよりよき自然学ばかりでなく、――私の判断にしたがえば――よりよき政治学をも主張する。だがこうした特殊な評価から独立的に、われわれは当時の論争をつうじて、感性界の秩序と一である社会秩序は正しい自然理解にもとづくべきであるということを思い出させることができるのである。

私の注釈では、多くの読者にとってプラトンを読むことをなにか難しいものにするのは何であるのかは、あきらかにならなかった。すなわち、巧みにあちこちへと向けられた［プラトンの］考え方の結果がいったい何であるのかは、ただちにはあきらかでないのである。もちろんこのことは、ほとんど『法律』（Nomoi）の問題ではない。だが、そのかわりに『法律』は初期対話篇よりずっと退屈であり、初期対話篇で展開されるイデア論についての解釈の手助けとしてのみ役に立つことになった。

そのためにプラトンのテキストの多くが問題のあるものとみなされる難しさは、プラトンが彫刻家のように仕事をしているということにもとづく。その作品は彫刻であるのに、大地の上に散乱し、彫像であることを見落としてしまう傷ついた塊であるかのように、記述されうるであろう。この比喩が語るように、プラトンのテキストは、彫像を彫り上げるために片づけられる、秩序づけられた石のかけらなのである。プラトンのテキストを問題のあるものとみなす人は、それゆえ彫像であることを見落としているのである。プラトンの対話篇は、彫刻家が石のかけらの生産者であるのと同様にまったく問題など抱えていない。私の報告がプラトンの作品にかかわりあうためのきっかけを与えるとするなら、最もすばらしいであろう。

6章　物である自然と自然である物

人間は何であるのかが、先行した章の中心問題であった。またそのひとつの答えといえども、少なくともその根本特性においてすら、人間以外の世界および自然全体の規定をまえもって行なわないなら与えられえなかった。なぜなら、人間を共世界に対立するものとして限定するものは、いわば人間に対立している共世界にたいして、この限定を行なうからである。そのように、人間ではないいっさいのものは、その時々の人間の利益にとって有益であるか対立しているかにもとづいてのみ、つまり人間中心主義的世界像において理解されるのである。

それにたいして、われわれがわれわれを全体にたいする責任にもとづいて、自然を言語化する生物として、そして世界のうちに自由の印しを定立することになる生物として理解するならば、われわれは人間以外の世界をわれわれにもとづいて経験するばかりでなく、その固有の価値において、われわれの共世界として経験する。

人間中心主義的自然像と人間像は、今日の工業社会の人間像である。私の考えによれば、たとえこの世界像はもはや［環境破壊の］責任をとることはできないとしても、われわれはただちにふたたび［昔に戻って］ゲーテやトプラーのように考えることができない。歴史においてはつねにそうであるようにここでもいかなる後退も存在しない。だが、私が以下で示すように、工業社会的現実のなかではゲーテの思想もまた過去のものでありながら現代的なものとしてなおも生き生きしており、しかも今日の視野狭窄を越えて人間の役割に適った未来の自然像と人間像をも示すことができるのである。このことはさらに、科学的概念性と対立している自然の通常の理解にたいしても当てはまる。

今日の日常的言語使用においては、窓の前にひろがっていたり、あるいはそこになくて寂しく思う緑の世界、詳しく言えば動物や花、木や石、太陽光や風や水、天空や地が、自然のもとに理解される。光や空気、水や土地――古代の四元素――は植物の現存在のなかでひとつになっており、そして植物が成長しうるためにはそれらのどのひとつも欠いてはならないから、植物の緑がこうした自然の現実性のシンボルとなる。植物界こそが全生物圏の生命の基礎である。こうした理解にしたがえば、人間自身を含むすべての動物的生命が自然に所属することになる。

それゆえ、われわれは自然のもとに普通なら物や生命が属する対象領域、しかも自然の物や生命を理解する。だからわれわれはもはやゲーテのように、自然は――神々のごとくあるいは母のごとく――ゲシュタルトを創造するということを語るのではなく、この対象領域（自然）のなかで何かが生まれると語る。だが、われわれは何が自然に属し、何が属さないのかを何にしたがって決定するのか。

もし自然が自然的事物や生命の領域として理解されるなら、自然でないのは何なのか、そしてそれゆえさらにいかなる現実性の領域が考慮されるべきかという質問にたいしては、今日の意識には、社会的領域、人間の歴史世界、すなわち手短に言えば〈社会〉という一面的解答だけが存在する。だが、今日自然や社会にたいして最も多くの問題が生じるその領域の分類は、まだ未解決のままである。この領域は人工物、技術的に作られた物の領域である。家屋や乗り物、工場やコミュニケーションの体系は、まさしく自然と社会の結合において生まれ、またそれによって自然と社会の両者に所属し、両者のいずれかだけに所属するのではない。

たとえば、われわれは乗り物を普通は自然と見なさない。なぜなら、乗り物はみずから生まれるのではなく、その物理的現実性のためばかりでなく、その社会的現実性のために建造されるからである。すなわち、乗り物は商品と情報の交換に関して、それゆえ社会過程の範囲のなかでそれが役に立つ（Nutzen）から建造されるのである。社会的欲求にしたがって一定の物質や自然過程が自由にできるという社会要因が、乗り物が動くための前提であるとしてもである。

私はこの章でまず、この問題は二つの方向において解決されうるということを示す。われわれは一方で、〈手つかずの自然〉（6・1）を自然と名づける。他方で結局は、物質あるいはエネルギーとして自然の法則を満たしている（6・2）いっさいのもの、あるいは経済法則にしたがって材料として使用される（6・3）いっさいのものが自然を意味する。だが、自然に適ったものと自然に適わないものとの区別は、二重の仕方で解消する。とはいえ、自然的経済秩序はこの区別にもとづかなければならないし（6・4）、ゲーテがこの区別を思い出させてくれるし（6・5）、そして私見によれば、今日工業社会の未来はこの区別をどう摑みとるかに依存しているのである（6・6）。

6・1　手つかずの自然だけが自然か

工業社会の環境破壊にたいして、自然保護あるいは自然的所与の維持に力を尽くしている人は、われわれが自然としてのわれわれの環境において示すものはとうにもはや自然とはいえない、というような異議申し立てにしばしば遭遇する。地上全体を見れば、実際にわれわれが今日でも体験しているように、多かれ少なかれ人間の干渉にもとづかないように見える景観などほとんど存在しない。中央ヨーロッパは、環境を変え、構成する人間の働きがなかったら、［今ごろ］ブナ林からなっているであろうが、［今では］自然保護地域ですらもうすでに手つかずの自然ではない。

たとえば、リュネブルク［ドイツ北東部のヴェーゼル川とエルベ川のあいだの低地］の荒地がヘルマン・レンスによって以下のように伝えられている。すなわち、多くの人間にとって自然的であることの本質は、人間によって手の触れられない自然とは相対的な、まったくの人工的景観である。なぜなら、荒地産の羊を追い立てること（動物の一咬みや一蹴りによって）がなかったら、また農民による苗芝の伐採（野の植物が生えている大地から植物を摘み取って、家畜小屋の敷き藁として使用するため）がなかったら、荒地にかわって、そこにはずっとオークの森やシラカバ林、そして松林が入りこんでいたであろうから（Tüxen, 1966）。たぶん全ヨーロッパで、いま木が立っているところに木が生育すべきであると、人間があるとき決断しなかったなら、その木はそこに存在しないのである。だからひょっとしたら、人間という現に存在するものによってまったく触れられておらず、この意味でどのようにしても人間的でないようないかなる場所も、近い将来もはや全地上に存在しないであろう。だが、そこから何が帰結するのか。

自然のもとに手つかずの自然だけを理解する人びとが、われわれに切実に勧めたがる帰結は、つぎのことである。自然保護は地上の遠く離れた二三の片隅でまだ可能であるかもしれないが、工業国およびそれ以外の人間が定住している地域においては幻想であろう。それゆえ今日ではすでにわれわれの全環境は人間活動によって形成されてしまっているので、われわれはいままでよりはずっと安心して活動できる。それでもわれわれは荒野に住んではならないことをもともと喜んでいるのではないか。今日の自然保護者が一度しばらくのあいだ狩猟者や採集者として生活してみるならば、かれらはすぐにふたたび工業文明に戻りたいと思うかもしれない。今日では一九世紀農民ふうの生活など誰一人としてもはや受け入れられないだろう。

それゆえに手つかずの自然なんて本来もはや存在しないということこそが、いまや全地上で多かれ少なかれ人間的であることを誰も否定できはしない。だが過去の生活条件に関して言えば、一九七九年には西ドイツならびに西ヨーロッパの人口の大多数が、科学的技術的発展をどう考えるかについてのアンケートにおいて、《人びとがそれほど多くの機械の組み立てをやめ、自然へと帰ることができるなら、何とすばらしいことだろう》(EG 1979) という表現に賛成した。しかしながら、このアンケート結果は《自然への回帰》という普遍的形式の欲求が存在するということだけを証明しているのであり、この欲求をもっている人びとがいかなる仕方でその欲求を満たすことを最も願い、考えることができるかというように推理することを、許すものではないのである。

たしかに、われわれは日に二度暖かいシャワーを浴びるから幸福に生きているのだが、その幸福ほどには、われわれの先祖はそれができなかったからといって不幸な生活を送ったわけではなかった。しかしながら、今日消えゆく運命にある少数派は場合によっては過去の経済的関係に帰りたいと願っているのではと、私は想定するが、［同時に］人間の自然との関係を更新することをめざす多数の欲求も断固として存在しているということも、私は受け入れる。

待ち焦がれた自然への還帰は人口の多数者――私の印象によれば、活動的環境保護者という多数者――によって求められるのだが、それは過去のうちに求められるのではなく、工業社会の未来のうちに求められるのである。すなわち、総じて環境政策が始まるのは、工業社会の生活様式が原則的に受け入れられているところにおいてであるが、こうした工業社会という前提のもとに、そしてこの前提と結びついている技術的可能性とともに、経済がふたたび人間生活の自然との連関のなかで問題になるときである。すなわちそこでは、工業経済を撤廃することが重要なのではなく、工業経済を自然化することが重要なのである。

手つかずの自然に関しても事情はまったく同様である。手つかずの自然はわれわれが工業社会においてかかわっている自然の事物や生物からはるかに離れているばかりでなく、そういったものはそもそもわれわれにとってはどちらかといえば興味なきものである。なぜなら、われわれがいるところにはつねにすでに人間がいるからであり、そしていかにしてわれわれが自然とのつき合いを断念できるかが興味を引くのではなく、いかなる仕方でわれわれは自然と正しいつき合いができるのか、できないのかが興味の的であるからである。なぜなら、この自然とのつき合いこそ生死にかかわるものであるからであり、また従来の手つかずの生命世界にわれわれが影響を及ぼしていいのか、あるいは今日の状況のなかで生命世界が維持されるべきかどうかというような問題は、特例的なことであるから。

経済がいかなる仕方で人間生活の自然との連関のなかに置かれうるかという問題は、それゆえ普通にはわれわれがわれわれの自然的共世界とかかわるところに生じるのであり、だからわれわれが自然とつき合うかどうかが問題であるのではなく、われわれがどのように自然とつき合うかが問題なのである。

このことはキリスト教徒にとっては自明である。人間は自分のためばかりでなく、共世界のためにも配慮すべきであり、しかも創造者にたいする責任として配慮すべきであるということは、神の指示ですらある。原始林そのものを維持することは、たしかに神の指示に属しうるが、この維持は通常の場合とは逆に、人類が荒野によって危険に曝されるより、荒野が人類によって危険に曝されるということから、はじめて生じるのである。たとえば、ヴィルヘルム・ハインリッヒ・リールはこの意味で、おそらく最初の一人として《耕地の権利と並んで……荒野の権利》(1861, 73) を擁護した。

人間生活の自然との連関に経済をうまくはめ込むために重要であるのは区別であるが、その区別は人間の手つきの自然と手つかずの自然との区別ではなく、洗練された庭あるいは自然に適合し生き生きとしているが壊されていない景観と、脅かされ破壊された景観との区別である。自然のもとにつねに手つかずの自然だけを考える人は、決定的な問題を脇にそらし、そうすることによって無傷の景観を環境破壊によって壊された景観へと変えていく人を後押しすることになるのである。

自然と結びついた生活を希い、工業社会が自然を遠ざけることを嘆き悲しむ人びとは、残念ながらときとして、自然を牧歌的田園的なものにする (idyllisieren) という逆の危険に陥る恐れがある。しかし、自然はけっして牧歌的なものではない。このことを見ることをせず、また文化的教養や開放のうちに、同じく人工の自然地域や庭園のうちに共世界に関する人間の使命を見ることがない人は、いずれにせよ自然を破壊した人たちとの不幸な絆を形成しているのである。そこでは、人工の自然地域と、たんに工業化された地域との区別が、もはやまったく重要なものと見なされていないのである。

だが、われわれが自然のもとに普通には——環境保護のためではなく——手つかずの自然あるいは荒野を理解するのではなく、また人間的に改造された環境をも自然から除外するのでないならば、われわれはどの程度まで自然とかかわるつもりなのかという問いが生まれる。たとえば、イギリスの庭園の景観、経済と両立する農業、自然治療薬や木の家具が自然的なものとして見なされるべきであるなら、それにたいして高層建造物の芝生、化学化された農業、総合治療薬、プラスチック家具は自然的なものと見なされないのか。この種の区別をすることにしりごみする人は、まず一度別の極［自然を破壊した人々］と試しに組んでみてもいいかもしれない。

6・2　自然法則にしたがうものはすべて自然であるのか

人間的に改造され、この意味で人工的であるいっさいのものが、自然および環境政策から閉めだされてはならないならば、いまやすべての人工的に作られた事物を自然に算入することが最もわかりやすいことである。その場合、自然は全感性界を意味する。その場合たしかに、高圧線、ジェット機、農薬そして木目のついたプラスチックの表面は自然に属することになるが、そうすれば人間も自然の一部ではないのか、また人間が生産するいっさいのものが自然の一部ではないのか。

工業生産をそのすべての生産物とともに、環境との折り合いのよさやその他の性質を問題にせずに、もはや生活条件を犠牲にして運営されることのないすべての環境汚染をともなわない試みとまったく同様に、区別なく自然に算入することは、自然科学的地平からも正当化されうる。なぜなら、すべての生産過程の材料は自然に由来するからであり、そしてこの過程も生産物も自然法則にしたがって機能しているからである。それならなぜ、われわれは物理学の法則にしたがういっさいのものを単純に自然のもとに理解しないのか。

物理学の対象は物質とエネルギーである。物理学は、物質的対象がエネルギー法則で定義された条件のもとに、空間と時間のなかでいかなる仕方で運動し変化するかについての情報である。しかしながら、自然は物理学の対象の全体であるという自然理解が、どの程度まで環境政策のなかに入ってきて支えているのか。

環境政策は、工業経済のさまざまな商品の生産、分配、消費は多かれ少なかれつねに環境と折り合っている「べきである」という洞察とともに始まる。それゆえに、この［環境と折り合っているか、環境破壊的であるかの］区別をケースバイケースで行ない、環境破壊的過程を終結させ、環境と折り合いのいい過程を保持しさらに発展させるということが重要である。だがそのさいに、物理学的自然理解はわれわれを助けないばかりでなく、さらには環境政策において重要であるこれまで述べてきた区別にたいしてわれわれを盲目にするのである。なぜなら、工業経済が環境と折り合う要素とその環境破壊的要素とが同じ程度に、物理学の法則に添っているからである。それゆえ物理学は環境を形成するためのいかなる決定的手助けも与えないのである。

同じことがその他の自然科学にも当てはまる。唯一の例外は、結局すべての医学的述語は何が健康であり何が健康でないのかを扱っているが、そのかぎりにおける医学でありうるだろう。そこではすべての科学的に確認された状況が、つねに健康の規範に関する評価なのである。しかし、医学は人間の身体の健康に制限されるのであって、環境政策において人間生活の自然との連関にとって問題となってくる、より広い意味での健康を評価することはできないのである。拡大された健康科学へのアプローチは生物学のなかに、とりわけ生態学のなかにのみ存している。だがこれまでの水準から見れば、生態学は本質的に、自然の循環への一定の干渉がいかなる帰結をもつのか、あるいはもつことになろうかだけは評価できるが、当の干渉が環境の健康のために有害であるのか無害であるのか、あるいは有害であろうか無害であろうかは評価できないのである。

そのうえ、今日の学問をつうじて自然を擁護するための主要問題は、自然科学および社会科学双方の成果が［相互に］関連づけられないということである。なぜなら、環境問題は人間の欲求が自然のなかで行使されるということによって生じるからである。もちろん自然科学は、人類がこれまで自然について理解した以上に自然について理解するのであるが、人間の欲求にたいしては盲目である。〈欲求〉はいささかも自然科学的概念ではない。また社会科学はなるほど欲求について少しは理解するし、いかなる仕方で人が欲求を呼びおこすかも理解するが、――私が以下で生態学の例によって裏づけるように――それにもかかわらず自然にたいしては盲目である。本来の問題は自然との連関における欲求、つまりそれらの関係であるが、これは先の二つの学問グループのあいだにある、まさしく盲目の場所にある。

環境危機にたいする哲学的反省の出発点は、間違った行動は人間がかかわるものについての間違った表象、あるいは少なくとも不十分な表象を前提にしているということである。過ぎ去りし一九世紀には、ただ世界を解釈するだけでなく、世界を変革することが大事であったのであるが、私の考えによれば今日の状況はむしろマルクスの命題の逆転によって記述されるべきである。工業社会は世界をただ変えただけであった。大事なことは、認識の欠如から世界を破壊させないために、生活条件をよりよく理解することである。

そのための例は今日の科学の自然理解であるが、中心は物理学の自然概念である。物理学が知らない区別、つまり環境と折り合っている過程と環境破壊的過程との区別は、自然との経済的つき合いのなかで形成されるのであり、経済学のなかで形成されるのではない。しかし、環境を破壊する人は、この区別をなさないから、自分が何をしているのかまったく知らない。

物理学や経済学によって自然を知覚する場合に共通の盲目点となるのは、物理学にとって物質（*Materie*）であるものはすべて、経済学にとっては原材料（*Material*）になるということである。材料にたいする経済的表現は、資源（*Ressource*）である。物質が十分にあり、自然法則が支配しているかぎり、工業経済にとって、全世界は物質からエネルギーの手助けで何か新しいものを作るための資源となる。そこでは自然の世界は材料としてのみ現われるのである。それは経済的商品である。

6・3　資源としての自然

経済過程は、商品とサービスが生産され、すなわち提供され、分配され、消費されるという点にある。経済過程は資源として加工される原材料が自然から取り出されるところで始まり、それがゴミとしてふたたび自然へ還っていくところで終わる。だが、経済学において経済曲線のこの二つの垂線の行き先を求めても、虹が地上に届くところを発見するために虹に近づいていくときと、ほとんど同様である。自然はいままで実践的には近代経済学のテーマでなかった（Binswanger 1979）。経済的自然理解に関する問いは、環境問題によってはじめて再発見されたのである。

環境問題の受容以前に、そして〈成長の限界〉［一九七〇年のローマクラブレポート］以前に支配的であった経済的意識をかなりの程度代表するものとして、上ですでに言及されたサムエルソンの教科書の第八版が挙げられよう。この本の索引には自然という概念がまったく現われない。《NATO》と《Needs》のあいだには《Natural Resources》という言葉があるだけであり、やはりその当然の帰結として「Resources を見よ」という参照指示があるだけである。それで人びとが《Resources》を辞書で調べると、発展途上国経済に関する章が指示されているだけであり、そしてそこではデカルトの学問が何であるか、すなわち自然的資源と人間的資源は区別されなければならないということを学ぶだけである（4・2）。

新古典主義の経済理論における経済的生産機能への洞察は、サムエルソンの教科書における標本検査の印象が正しいことを認めている。すなわち、その経済的生産機能は人間の働きにだけ依存し、こうしてその機能は経済過程がそこで始まる自然との連関を考慮する必要がないばかりか、さらに成長の限界を知覚する必要もないのである。原材料はくり返し自然から新たに調達されるのであるが、この原材料に経済過程が、使用価値や資産価値などをこの過程で形成されたものとして与えていくのである。こうして、たんなる資源が経済的商品となる。しかしそこにおいて、自然は《沈黙する第三のもの》にすぎない（Müller/Story 1978, 50）。

それにたいして、近代国民経済学の始まりにおいては自然的な生活基盤が、生産要素としての土地の意味に相応する重要な役割を演じた。それにもかかわらず、なぜ後々まで自然が無視されてきたのかという理由は、まず第一に〈消費可能な資源〉のストックが実際にきわめて大きかったからであり、第二に最初にマルサスによって知覚された成長の限界が期待に反して押し上げられることができたからである。

マルサスとリカードは、農業生産においては収穫高が減少するという法則があることを想定していたし、その法則によるとさらに食品を生産するためにますます労働と資本が費やされなければならなかった。人口が増大しているときには、このことは結局うまく経営して収穫高をあげても、もはや働いている人たちを扶助するのに十分ではないということへと導くことになるはずである。それにもかかわらず、技術的進歩による生産性の向上が可能であるということがあきらかになった。これによって、成長の限界がフォレスターとローマクラブによって再発見されるまで、この問題は未来へと引きのばされることができたのである（２・１）。

二〇世紀にはたしかに、経済学においてふたたび経済過程の生活基盤を考慮しなければならないと考える傾向がときには存在した。たとえば、シュモーラー（Schmoller）は、《人間、人間社会、そして国民経済は……地表で生じる有機的生命の一部である》（1920, I. 128）と強調した。しかしそのような警告も、カップ（K. W. Kapp）の工業経済の《社会的費用》（1950）についての古典的著作以上には、効果を発揮することなどなかった。

それにしたがえば、国民経済学の支配的思惟は一九七一年の成長の限界の発見までは、少なくともロックにもとづいている。ロックの理解によれば、われわれが自然に負っているものは、われわれがわれわれ自身の労働に負っているものと、おおよそ一〇〇対一の関係にある（1690, II. § 40）。［労働が原材料の百倍の価値をもっている。］その場合、ロックは自然を手つかずの自然と同一視した。《地上のいたるところで最高のものに到達するためには、人間の正しい形成、人間の技術、人間の行なう構成だけが重要であるということが強調されるとき、われわれの時代がもつ人間の高慢さや文化的尊大さに媚びへつらっているのである。》（Schmoller, 同上 I. 139 以下）

支配的経済学の自然理解は、二つの点で問題がある。まず、資源の有限性がこれまで十分に考慮されなかった。つぎに、自然を一般に資源として取り扱うことがどの程度認められうるかという問題が発生する。

自然を資源として経済的に理解する場合には、限界など考えられもしない。だから成長の限界が結局生活条件の危機として見られるときには、成長の限界は偉大な発見として現われてこざるをえないのである。地下資源は自由に使用できるものではないということ、環境は一定量の工業経済の排泄物を損害もなしに受け入れることも加工することもできないということ、これらはもちろんわれわれの惑星の有限性から生じるのである。それにもかかわらず、このことは七〇年代初頭には多くの経済学者にとって予期せぬ出来事であった。

そうこうするうちに、科学的な〈環境経済学〉が生まれ、そこでは〈責任者原理〉の基礎のうえに立って、社会的費用の適切なコスト計算や考慮のさまざまな可能性が経済過程のなかで徹底的に考察されることになる。そこではカップによれば《社会的費用》のもとに、生活条件を〈犠牲にして〉工業社会をきりもりするための費用や、経営学的コスト計算でどうにか受け入れられる費用が理解されている。

そうしたことから、成長の限界についての議論は、どれだけの資源を使用できるかという理論が発展するきっかけを与えた。そういう議論の目標となったのは、成長の限界をできるだけ遠ざけるために、さまざまな資源の経済的評価にもとづいて世界の有限性を考慮することである。

だがこれらすべては、さまざまな資源の相対的評価を変更すること、たとえばきれいな空気を経済過程においてもはや費用のかからない自由な財として扱うべきではないこと、また乏しい地下資源についてもあらかじめ熟慮しておくことへと導く。そうではあるが、自然は環境問題と成長の限界の受容以前にも、「またそれ以後の」自然が経済学的に考慮に入れられる新しい傾向においても、みずからなんらかの財となるのではなく、人間によってはじめて財へと形成されなければならない、たんなる原材料という意味での資源としてつねに存在するのではない。それゆえ、つぎなる問いは、自然は一般に資源であるのかである。

私見によれば、経済学は経済の本性についても、経済が生きていく基本についても、自然を原料ないし資源として捉えるのであれば、正しい理解に達していない。私の批判は、人間の自然との関係は、資源として自然にかかわる場合には、人間の本質も自然の本質も正当に評価していない形式で思惟されるという観点にもとづいている(5)。すべての自然的共世界を人間のための資源として一まとめにするとき、人間は自己自身をすべての事物の尺度として理解しているのであるが、このことはもちろん間違った理解である。われわれはむしろ、万物の霊長たる人間が自分自身だけを頂点をなすものとして考えないためにも、自然的共世界をそれ自身のゆえに最高の価値をもつもの(krönenswert)として尊敬しなければならないであろう。

資源——人間以外のすべてのものという意味で——のより賢い管理は、環境悪化によってわれわれの健康を危険に曝したり、成長の限界が接近することによって経済を危険にさらすことを技術的に先に引きのばすことができるかもしれない。われわれはそのためには、征服民族自身が自分の生活によって自分自身の征服者としての存在を危険に曝しているということを発見し、またさらに征服された土地がただ搾取されているということを発見するときに、上ですでに言及された征服民族のように社会経済的に照準を合わせさえすればよい。

私はさらにつぎのことをつけ加える。すなわち、このこと［技術的に危機を先に引きのばすこと］が、われわれの生活基盤が危険に曝されることから引きだされる教えであるとするなら、われわれはこれまでの先行する深い考えをまだ学んでいなかったと言えよう。なぜなら、われわれは征服者ではなく、フリードリッヒ・エンゲルスが鋭く見ぬいていたように、征服者になるのである。

われわれは征服者が他の民族を支配するように、また自然の外にいる人のように、自然を支配するのではなく、われわれはその肉と血と脳でもって自然に所属し、自然のただなかに存在しており、われわれの自然にたいする完全な支配は他のすべての被造物に優先して自然法則を認識し、正しく使用できる点にある。人間のすべての歩みがこのことを思い出させるのである。
（MEW XX. 453）

［だが］賢い征服者のやり方にしたがって資源を慎重に管理したとしても、それによってわれわれの政治的秩序は自然と合致させられるわけではない。残念ながら、エンゲルスは《自然弁証法》を最後まで考えなかった。さらにマルクス主義者は、人間存在は正しくは自然が資源でないのと同様に征服存在ではないということに、おそらく気がついていなかったのではないだろうか。しかし、それはそうであるとしても、人間の活動を中心に考えた場合に、われわれ自然に所属するもの［自然所属性］にふさわしい自然的共世界とのつき合いのためには、いかなる自然理解がありうるのか。

6・4　自然に適った経済秩序を求めて

ニュートンの惑星運動についての天体力学理論がもたらした、近代自然科学に方向性を与えた魅力的結果は、惑星運動の秩序は自己自身を維持するということであった。たとえば、創造主がそれにしたがって秩序をときどき変更しなければならないプラトンの神話的国家とは違う仕方で、惑星の運動体系は自己運行のなかで乱れてしまうのではなく、一度与えられた秩序を維持したのである。

近代国民経済学の創始者であるアダム・スミスは、百年近くのちに、「ニュートンの法則と」同様に自分で自分を維持し、とりわけもはやいかなる国家的指導も必要としない経済秩序を見いだすために、ニュートン力学を手本にした。それゆえ、アダム・スミスはニュートンが惑星体系の自然的秩序を記述したのと同じ意味で、つまり自分自身を統制する体系秩序として〈自然的経済秩序〉を探し求めたのである。

そこでは、自然秩序と経済秩序のアナロギーが重要であるばかりでなく、両秩序はスミスにおいては包括的な世界秩序の一部であるべきであった。

自然がしたがう規則は自然にふさわしく、人間がしたがう規則は人間にふさわしい。しかし両規則とも、それらの大きな目的である世界の秩序と人類の完璧性および幸福を促進するものと考えられている。(1759/1926, 255)

私は、人間的経済秩序は全体として自然の秩序に相応するべきであるという根本思想を、スミスがこうした秩序をそこから発想したある特殊な形態に依存することなく、正しいものであると評価する。まさしく環境危機は、人間の経済はホモ・サピエンスという類の経済として、全体の秩序に組み入れられなければならないということへと導くことになる。ただし、こうした前提のもとでは、世界を資源として浪費する権限も、世界を荒野のままに放っておく根拠も存在しない。

スミスによって考えられた自然的経済秩序の個々のことに関して言えば、彼の体系は成長に言及していたし、またこの成長が限界をもっているということは、彼自身にとってすでにあきらかなことであった。彼がモデルにしたニュートンの天体力学ですら、まだ宇宙の自然的秩序についての究極的言葉ではなかったし、一般相対性理論によって追い抜かれてしまった。

自然秩序と経済秩序の調和の要請以上に、ある変わることのない正しい思想がスミスの市場原理の基礎をなしていると、私は考えている。すなわち、私の理解によればそれがもつ固有のポイントは、人間の活動はできるかぎり見とおし可能な範囲に限定されるべきであるという点にある。つまり、われわれはわれわれが思惟し知覚する以上には正確に活動することなどできないのであり、まさにこのことはソクラテスの無知、人間の条件に適っている。

技術的進歩はスミスにとって自然秩序へいたるいかなる前提でもなかったから、結局スミスにもとづいてこそ工業社会の諸問題が囚われなく相対的に評価されうるのである。工業社会が技術的進歩を必要とするということは、フランス革命ではじめて生まれた思想（コンドルセ、サン・シモン）である。

それどころかドイツ・ロマン派――スミスや啓蒙主義とは反対の立場――は、自然秩序への問いをアダム・スミスと共有した。プラトンが唯物論的自然法論者（5・6）と対決したときのように、社会秩序が自然秩序に適っているべきかどうかがここでは問題であるのでなく、人間の行為がそれに適っているべきである自然秩序はいかなるものであるのかが問題である。いずれにせよ、正しい答え、正しい自然理解が重要である。

それにたいして現在では、自然的経済秩序への問いそれ自体が古くさいものと見なされている。つまり、この問いにたいするスミスの答えとロマン派の答えが対立していても、もはやそれはまったく重要ではないのである。だが、われわれは環境危機において、いかなる経済秩序が全体の自然秩序に適っているのか、またこの意味でいかなる経済秩序が自然秩序であるのかをふたたび立論するきっかけが与えられると考える。

スミスがニュートン力学をモデルに採用したときに、自然性は力学的行為において経験されるように、自然は機械的であるという力学的考え方はロマン派においては否定された。

宇宙の無限に創造的な音楽が巨大な水車小屋の単調な粉引き音になった。この水車小屋は偶然によって駆り立てられ、偶然の流れを漂いながら、小屋自体には建築士も粉引き職人もいないのに、自己自身を砕きつつ永久に運動する。……自然はいつもみすぼらしい外観を呈する。（1799, II. 741/747）

《理性によって単純な原理から演繹される関係が〈自然的〉であるのではなく、それとは逆に、成長し生成したもの、その生命能力を証明し試してきた長い歴史をもつものが自然的であるということを提起して》（Sieferle 1984, 45）啓蒙にたいする包括的異議申し立てが行なわれるのである。たとえば、ロマン派の指導的国家・経済学者であるアダム・ミューラーは、国家のもとに《自然的かつ精神的なすべての欲求、自然的かつ精神的なすべての富、国民（Nation）のすべての内的かつ外的な生命が、きわめて精力的で無限に運動する生きた全体へともたらされ、内的に結合されている状態》（1809/1922, I. 37）であると理解した。彼が自然的秩序として考えていたのは、伝統的な身分社会の秩序であったのだが、この点にはさまざまな評価可能な問いや答えがある。

ロマン派の自然理解は、スミスのように原則的に一定の技術的発展に賛成するか反対するかは一義的ではない。たとえばシュライエルマッヒャーは、科学と芸術の完成が物質世界を《おとぎ話の宮殿に変えるであろう》（Siefere 同上 47）とそれらの完成を期待した。他の意見でこれ以上に楽天的なものはなかった。したがって、自然的秩序が何と言ってもまず重要であり、それゆえ特定の技術的発展は相対的に評価されうるということが重要である。この意味では、ゲーテですら〈技術〉にたいしてはっきりと反対したわけではなかったが、現われ来る機械存在の危険は見ていた（HA VIII. 429）。

私はスミスの自然理解もロマン派の自然理解もそっくりそのまま我がものとしたくはない。ロマン派の自然理解に関して言えば、私はその理解と結びついた主観主義に問題があると思う。われわれは一七・一八世紀の機械論や身分社会と同様に、そうした主観主義と結びつく自然理解は避けなければならないと、私は考える。だが、スミスとロマン派が共有していた問いも、この解答とともに顧慮しないということになれば、それは間違いであろう。その問いとは、全体である自然秩序と一致する社会経済的秩序とは何かという問いである。

私は以下でこの問いに、散発的ではあるが経済的側面から取り組む（12・1と2参照）ことになるが、この著作ではまず自然と社会を結合する秩序の自然哲学的、法哲学的基礎づけを扱う。だが自然的経済秩序への問いがふたたび重要な問いとして承認されたとしても、工業経済の自然化を詳細に思い浮かべて見ることは、経済的にも哲学的にもともに努力する必要があるだろう。

6・5　規範的自然理解における自然的なるものと非自然的なるもの

人間生活は自然と連関しているわけであるが、そこにおいて人間の生活条件を維持するために重要である［人間と自然との］区別は、これまでの考察にしたがえば、手つかずの自然という［自然理解］と同様に物質一般という［自然理解］からも把握することができない。一方ではほとんど何ものも自然ではありつづけないが、他方ではいっさいのものが自然になる。それにたいして、整備された庭が自然であり、ゴミの山はそうではない——たとえ両者とも人間の作ったものであり、自然法則をともに満たしているとしても——といういわゆる健全な感情が、自然を緑の世界と考える日常的理解の基礎をなしている。だが、この感情は自然との経済的つき合いにとって主導的役割を演じることになるかもしれないある概念へ、われわれを導くことになるのではないか。

庭を引き立たせるものが何であるかと言えば、植物である。植物は土、水、空気、光が与えられるならば、植物はみずからあるいはそれだけで生長する。〈生長〉（Wuchs）はピュシスというギリシア語の根源的意味でもある。何ものかが生長するためには、それに時間が与えられなければならない。それゆえ、生長するにまかすことは作ることの反対である。作ることは、われわれが庭でやっているように、植えつけたり、肥料をやったり、水を注いだりすることで始まるのではないが、たしかにある植物が〈非自然的に〉特殊な肥料によって［品質や大きさを］高められるときに始まる。ここで想定されている区別は、「君たちは犬を飼育（großziehen）しようとするのか」という質問にたいして、「いいえ、われわれはそれを生長（wachsen）させる」という答えにおいて形成される区別である。

生長させることと作ることとの区別は、人間間のつき合いからも見てとれる。たとえば、子供の教育の技術は、周知のように、子供から何かを作ろうとするのではなく、子供のなかにある自然的素質に発展の機会を与えるという点にある。仕事のパートナーにたいしては、［その人に］意見を述べることと権限を委譲することとは同じ意味をもっている。だから、ソクラテスがソフィストから区別されるのは、ソクラテスが彼の対話のパートナーをなにごとかへ向けて説得したのではなく、正しい質問をつうじて、［ソフィストに権限を委譲して］ソフィストが自分自身で進まなければならない洞察の道へとソフィストを導いたからである。——だが、理性はそれ自身がそれ自身の構想にしたがって産出するものだけを洞察する。

自然がもつより根源的な意味は、言語表現上も、不自然で、うわべだけの、信頼のおけない技巧的態度から自然的態度が区別されるところに保存されている。自然的であることはそのかぎりにおいて不自然でないことを意味しており、あるいは——ゲーテの言葉で言えば——人間の健全な本性が全体として働き、宇宙がそれに歓声をあげたくなるということも意味している。だが、ここで自然的であることは、あきらかにその時々の主観ないしはその対象の問題ではない。なぜなら、人間は端的に自然的であると見なされたり非自然的であると見なされたりするのではなく、個人がその時々に自然的にふるまったり非自然的にふるまったりできるからである。ある態度が自然的であるかどうかは、むしろ何が人間のなかで働いているかで計られるのである。

しかし、このことは、われわれが「動物や植物は自然に属し、高層建築や工業生産物は自然に属さない」と語るときとはまったく別の自然の意味を生みだす。働くものとして、自然はもはやいかなる対象領域でもなく、なにものかをめざす力である。植物においてすらそうである。植物はその健全な本性（Natur）が全体として働くときに、自然に生きることになる。庭師の心というものは植物の生長を楽しむのである。

自然の事物という対象領域から、いわば事物の自然（本性）が現われる。自然がもつこうした二重の意味も、言語において生きている。すなわち、われわれは一方で「自然のうちには空気、水、植物、動物がある」と語り、他方でたとえば「すべてを拘束する習俗あるいは法律、もしくは行政的な通達がそれらにも妥当するかぎりにおいて、空気、水、植物、動物は考慮されるということが、競争にもとづいている経済体系の本性（Natur）のうちに――駆動的存在のうちに――含まれている」と語る。

働く自然（Natur）が自然（Natur）の事物の本性（Natur）である。働く自然こそ、それにしたがって自然の事物――それゆえ自然という対象領域を形成し、また自然のなかにあるという意味で自然にともに所属している事物や生物――が結局自然の事物と呼ばれるところのものである。すなわち、風と水、光と風土、動物と植物は、働く自然がそれらの本質であるかぎりにおいて、自然に算入されるのである。自然のうちに存在するものがその自然存在にしたがって《自然》として一括されるのであれば、事物の本性（自然）という自然の意味は、自然の事物という意味より上位にランクされる。なぜなら、自然の事物や生物は、それらのなかで事物や生物の本性（自然）が働いているからこそ自然に算入されるのであるから。

そのときもちろん、自然の事物や生物は新しい理解でふたたび〈自然〉と呼ばれうる。――そこであきらかに、事物や生物のうちで働いている自然にしたがって、何が〈自然に所属し〉、何が〈自然に所属していない〉かが計られうるかぎりにおいて。

スピノザは同じ意味で産出する力あるいは創造する力としての能産的自然（natura naturans）に、この力によって産出され創造されたものである所産的自然（natura naturata）を対置した。こうした区別はスコラ的アリストテレス受容に由来する。能産的自然は産出する自然（創造力）であり、所産的自然は産出された自然（被造物）である。スピノザ的思惟（4・5を参照）はゲーテとシェリングの指標となったし、今日の自然哲学においても、たとえばエルンスト・ブロッホの主観主義的転回（1959, 37章）においても生動的である。

二つの自然の意味のうち――文字どおりの意味で――より根源的なのは、産出するという意味であり、産出されるという意味ではない。自然という語を《産みの母親（Zeugemutter）》としてドイツ語に翻訳しようというフィリップ・フォン・ツェセンの提案は、そのことを如実に示している。ツェセンはハンブルクの《ドイツ語愛好協会（Deutschgesinnten Genossenschaft）》（1642/43）の設立者である。この協会はドイツ語を文化言語に発展させようと努め、そのために外国語をドイツ的表現によって補完しようとした。

能産的自然は存在、事物の本性（Natur）として、存在者、自然の事物に先行する。能産的自然は、それ自身は見えないが、それにもかかわらず存在するところのいっさいのものがその可視性と現存在とを負っている光である。ヨハン・ヴィルヘルム・リッター（1810/1959, §589）は《いっさいは存在するが、存在は生成する》と区別する。

産出する自然は一にして全（ヘン・カイ・パン）であり、それによって現象のいっさいの対立物を包括する。産出する自然は感性界のいたるところで現象するものである。風が吹くところでは、自然ははためき、風が吹かないところでは自然ははためかない。したがって、自然ははためくと同時にはためかない。自然はすべての空間に同時に対立するものを与える。自然はこの植物において花開き、あの植物においては花開かない。自然は風として吹き、同時に自然は枝として吹かれる。自然はいたるところに現れる。自然はわれわれにおいて言葉となる。

6・6　芸術作品ですら自然的でありうる

まず最初にわれわれが自然のもとに、すべての自然的なもののなかで働いている力を理解し、つぎにこの力によって生じたもの、そしてそれゆえその力にしたがって命名されたものである対象領域を理解するならば、われわれは自然にほとんどのものを算入してはならないか、あるいはゴミ捨て場にいたるまでのいっさいのものを自然に算入してよいかというジレンマから開放される。なぜなら、いまや生ける力が自然に働き表現されているものこそが、自然の事物あるいは生物であるから。だから、もしそうでなかったら、われわれは〈非自然的なもの〉にだけかかわることになる。冒頭で言われた人工物の分類問題は、このような仕方で解決可能となろう。上述の［自然］理解によって、日常的意識は世界のすべてのものが自然的であると呼ばれてはならないという健全な感情から逸脱させられることになるので、動揺させられることになったのである。

人工物あるいは芸術作品はすべて、人間なしには世界に存在しない事物である。厳密に解すれば、人工物の範囲はすでに家畜や有用植物において始まり、その他の植物や動物を害する有用植物保護薬において終わる。そのなかに、家々、庭のさまざまな栽培植物、衣服、家具や食品、玩具、暖房設備、道、車がある。さらに、船や飛行機、郵便や電話、ラジオやテレビ、自然療法や化学療法薬、コンクリートや木質繊維板、エレベーターや木目のついたプラスチック、木製家具や電灯、タイプライター、本や絵や彫刻がある。

アリストテレスは、自然の事物は運動の原理を自分のうちにもっているが、芸術作品はそうではないということによって、自然の事物を芸術作品や人工物から区別した。たとえば、馬は自分から運動するが、車はひとりでに運動しない。それにたいして、人工物はつねに利用者である人間と一体化しているときだけ、それがそれであるところのものである。だから人工物はそれを使用する力である運動の原理からもはや分離されないのである。たとえば、馬車は馬を繋ぎ馬を操縦できる人間がその一部であるときにだけ、本来馬車である。それゆえに、私は原則的には人工物を自然的事物の範囲から除外したくはない。

われわれが自然のもとに本来の意味で、（対象領域としての）〈自然〉の全事物や生き物のなかで働いている生きる力を理解するならば、芸術作品（Kunstprodukt 人工生産物）ですら自然的でありうる。なぜなら、たとえすべての芸術作品はかならずしも自然的でないとしても、人間は自然に属しているから。もし自然全体がわれわれ自身の自然としてわれわれのうちで働いているなら、芸術作品は自然的であるだろう。しかし芸術作品は非自然的にもなりうるのである。なぜなら、上の条件はつねに満たされてはいないから。

しかし、その条件はいつ満たされているのか。われわれが自然を分かちもち、われわれが産出するものが〈自然〉の部分としてみなされてよいような仕方で、自然の生きる力はいつわれわれのうちで働くのか。私は私の個人的感情にしたがって以下のもののあいだに限界を設定するであろう。すなわち、

伝統的農業と工業的農業
自然のものと生物環境破壊物質（Biozid）
自助の手助けをする医学と治療する医学
環境と結びついた建築学と結びついていない建築学

自転車とジェット機
太陽エネルギーと核エネルギー
書物とテレビ
芸術と消費
帆船と巨大タンカー

それにしてもゲーテはこうした問題について何を語ったのであろうか。ゲーテが語ったことはすべて、今日でも正しいことなのであろうか。

正しい考えと間違った考えがあるばかりでなく、正しい感情と間違った感情もある。ここで上の区別をより確実なものにするために、まずもう少し詳細な分析が必要である。そのために私は以下で、自然的技術と非自然的技術がそれにしたがって区別されうることになる二三の条件と基準を提案するであろう（7・4および5、11・6）。しかしさらにそのうえに、それにしたがってそのような条件や基準に空間を与え、美的感情を社会的に更新していくことが重要である。なぜなら、文化とはつまるところ共同（Gemeinsamkeit）の問題であることはあきらかであるから。

人間の健全な自然が全体としていつ働き、いつ働かないかを区別しなければならないとなれば、ドイツでは〈健全な国民感情〉についての心苦しい記憶を呼びおこすことになる。だが、国家社会主義（Nationalsozialismus）はわれわれにすでに十分不幸をもたらした。国家社会主義が人間生活の自然との連関に関してわれわれが更新する道を妨げることになるということは、まだここでは検討されるべきではないだろう（12・3を参照）。

技術の発展を評価するために、自然性という基準は普通にはそう簡単に使用できないし、しばしば明白な決定へと導かないであろう、と私は考える。しかし、われわれは共人間的ふるまいにかかわる倫理的問題においては自然性という基準に慣れており、それゆえこうした基準の問題をそれほど重要とは考えない。逆に、生活上重要な問題はたいてい簡単には決定を下すことができない。だがそれゆえにこそ、たとえ答えを出すまでさらに不確かな道が続くとしても、少なくとも正しい問いを立てるほうが、残念ながら正しい問いに答えない答えに甘んじることよりもベターである。

もちろん、新しい答えへの道が辿られるべきであろう。私がこの本によって試みているように、いくつかの答えはそのためのきっかけを与えるかもしれない。でも、新たな一般意識が形成されるのは、そのために不可欠な理解過程および自己理解過程に公共的にも空間が与えられるということによってであろう。

人間が人間との関係において何を行ない、何を行なわないかを、われわれはまず文化的、政治的、宗教的伝統から学ぶのであるが、そのさいわれわれはそれらが生活のなかで継続され、再教育されているのを見いだす。自然的共世界とのつき合いに関しては、私見によれば芸術がそれらと同じ役割を演じる（11章参照）。絵画や彫刻においてと同様に音楽や詩においても、われわれは事物がいかなる形を具体的にとるべきであるかということにたいする美的文化的感覚を養ってきた。この感覚こそ、私が見るかぎり、たとえばわれわれが庭や人工の自然景観を、ちょっとした自信をもって破壊的工業的景観から区別しうる唯一の感覚である。こうした見解が正しいかぎり、われわれは今日の生活基盤にたいする危機を測ることができるような美的感情を形成し活用すべきであろう。

根本的な進歩が、すでに私によって推薦された自然理解と結びついていることはあきらかである。すなわちその自然理解とは、われわれの自然理解が行為主導的という点で、〈自然〉は――プラトンにおけるように――いずれの場合も規範的概念であるということである。私の自然理解によれば、自然は人間の行為における自然性の尺度としてあるのだが、それゆえに自然は世界の出来事のなかで、何が存在すべきであるかに、したがって世界のなかでの善への力に向けられている。自然とは、なにものかがそのゆえに善きものとなるところのものであると同時に、なにものかがそのゆえに一であるところのものである。プラトンはそれをイデア（Idee）と名づけた。

視点を変えてみれば、すべての非人間的な物質的エネルギーの体系を人間の欲望のための材料ないしは資源とみなす人間中心主義的自然理解ですら、規範的あるいは行為主導的であるということが、ますますあきらかになってくる。こうした規範性は物質から材料への移行においてあきらかである。すでに物理学においては、物質はわれわれが我がものにしようとするある知覚されたものとなっており、それゆえに物質は技術において材料となることができるのである。それゆえに、従来の工業経済的自然理解（9章）ですら規範的である。こうして、いかなる規範が正しいものであるかが問題になる。

もちろん、ここで提案された自然理解にしたがえば、〈自然のなかで〉生起するすべてのものはかならずしも〈自然的〉でないという、逆説的結論もさしあたり出てくる。というのも、人間のなかで健全な自然が全体としてつねに働いているわけではないように、このようなことがまさしくわれわれの自然的共世界でも起こるということがまえもって考えられているからである。他方で、共世界に開放の印しを立てるという「ローマ人の手紙」でわれわれに与えられた使命は、おそらくこのことからあきらかになる。

自然は病んでいる。自然はまさしく、すべてのものが自然的ではなく、感性界において生じる多くのものが善ではないということで苦しんでいる。たとえばとりわけ庭の荒廃を、われわれはもはや即座に自然的であると認めるべきではないであろう。そうではなく、自然はわれわれをつうじて、まだ到達されていない目標をめざすのである。この目標への道程で、人類はあらたな天地のために寄与すべきである。自然がわれわれのうちにもっているチャンスを摑むかどうかは、われわれにかかっている。

すでにアリストテレスは、あるものの発展が完結したときにそれが到達するその性質を、あるものの本性（Natur）と名づけた（Politik 1252b32）。われわれとともに進んでいく自然は、まだ自然がそこへと駆り立てられていく目標点ではないのである。《最終的に示される自然は、将来という地平において最終的に示される歴史以外の仕方では存在しない。》（E. Bloch 1959, 807）人間が行なういっさいのものは人間によって行なわれるがゆえにすでに人間的なのであるということを、もちろんわれわれは語っているのではない。そうではなくて、人間が行なういくつかのことは人間的であるが、その他のことは人間的ではないのである。だから自然もおのれの目標を逃すことがありうるし、また自然過程が「すべて」自然的であるわけではないのである。

7章　自然との和解——その前提、条件そして地平

人間ではないいっさいのものは、本質的に人間のために存在し、人間の欲望にしたがって評価されうるという関係は、絶対的な支配関係である。この絶対主義こそ環境破壊の固有の原因であり、工業経済における行為を主導する自然理解の規範的な核である。自然にたいする支配的な関係は、先行の諸章で根拠づけられたように、非人間的であり、人間の生の自然との連関を捉えそこなっている。

工業社会の自然にたいする関係のための新しいパラダイムとして、私は自然との和解を提案した。私はこの章でまず以下のことを説明する。自然との和解で何が理解されるべきか（7・1）、また和解はいかなる連関のなかで結ばれるべきであるか（7・2）、そしてわれわれの行為が自然との和解に役立つためには、いかなる政治的ないし精神的条件が満たされていなければならないか（7・3／4／5）。もちろん、自然との政治的和解は歴史の彼岸での和解から区別されなければならない

（7・6）。

7・1 自然との和解のコンセプト

〔自然との和解の〕根本思想は、イギリスの政治家であり哲学者であり科学者であったフランシス・ベーコンが出会った三種類の権力追求を、区別することにわれわれがかかわるときに、最も簡単に説明できる。政治的名誉心の通常の形式は同国人のもとで権力の座に就こうとすることであると、ベーコンは一六二〇年『新機関（Neuen Organon der Wissenschaften）』に書いた。――彼自身は一六一八年には大法官に到達していたわけであるが――つぎのより高い段階では、祖国の権力を他の国々に拡大することが問題となる。だが彼の考えによれば、最高で最も気高い権力追求は、人間の自然にたいする支配に捧げられるべきであった。

われわれはここで暫定的に人間の名誉欲の三種の段階と様式を立ててみたい。第一段階では、誰かが自分自身の権力を自分の母国で主張しようと試みる。第二段階は祖国の名声と権力を他の国々に拡張しようとする。もちろんこれは第一段階ほど情熱的ではないにしても、名誉欲のより高い様式である。最後に、全自然にたいする人類の権力と支配を基礎づけかつ拡張しようと努める人は、疑いもなく名誉欲を所有しており、こうした名誉欲は二つの先行する様式よりもはるかに自然に適っており、高貴であると言ってよい。（同上I, §129）

しかし、人間は自然における権力掌握にいかにしていたりうるのか。この問いにたいするベーコンの答えは、科学と技術によっていたりうるということだったが、まさしくこの点に彼は自然科学の世界史的意義を見たのである（9章参照）。

ベーコン自身は、彼が一六二一年に陰謀によって、また賄賂の廉で大法官としての職を罷免され、人生の残りを自然科学にだけ没頭するようになったとき、権力の第三段階に達した。ベルト・ブレヒトは《人間を支配することには、ベーコンは失敗した》と、このことが叙述された暦物語に書いた。《ベーコンは彼に残された研究する力を、人類はいかにして最もうまく自然の諸力にたいする支配を獲得しうるかに、捧げたのである。》

自然との和解は権力の第三段階に立った政治的状況ということになるが、この政治的状況は二つの先行する段階である内的和解［平和］と外的和解［平和］に対応している。われわれは、現にある争いが戦争や武力なしに決着するときに、国際平和［和解］について語ることが可能であるのと同様に、自然との和解も、人類と自然的共世界とのあいだにいかなる利害対立も存在しない状態だと考えられてはならない。自然との和解の根本条件は、対立的利害が暴力的に主張されないということである。

われわれは和解〔平和〕を、いつでも存在する争いが暴力的に決着をつけられるのではない政治的秩序と名づけるならば、三つの地平のうち最下位の地平〔国内〕でだけ、暴力なしに争いに決着をつける形式が見いだされるということが認められうる。第二段階の国際的関係では、相も変わらず本質的に軍事権力が重要であるし、第三段階の自然的共世界にたいする支配においてもわれわれは暴力を使用する。それゆえに和解は従来内政的な場面でだけ見いだされてきたし、こうした内政的和解ですら昔から世界のいたるところであったわけではない。外政的には、国々やグループ国とのあいだの争いをもはや暴力的に決着をつけるのではない国際秩序を緊急に要望する普遍的意識が、ともかくも存在している。だが、自然的共世界に関しては、われわれはいまだにそういうことすら語りうるのではなく、ほとんどの参加国によって非和解の状態にあることすら認識されていない非和解のうちにある。

和解は歴史上内政的にはきわめてさまざまな形式において見いだされた。近代においてはまず絶対主義が、先行した内戦を弁済する形式であった。しかしいまでは、われわれは近代法治国家の形態でわれわれに認められている秩序よりも、過去や現在のなにか別の政治機構を好むいかなる理由ももってはいない。私はハンス・ペータースと同様に、近代の法治国家のもとに国家の理想型があると理解している。その国家においては《現実化、すなわち発展と保証が目標として公平に立てられ、また恣意や暴力から市民を保護し、それゆえ権力を立てるにしても法的に立てようとする意欲があるし、そうしたことができるのである。》(Hans Peters, 1969, 196)

私は近代の法治国家を、政治的文化が苦労して手に入れた最も偉大なものと見なしている。もちろん法治国家であるにもかかわらず、ドイツ［西ドイツ］においても、また似たような体制の国でも、いたるところでつねに順調に事が運ばれていると語ることなどできはしない。だが、不正なことにたいして裁判や立法において批判をし、さらに修正も可能であるのが、まさしく法治国家なのである。

それにたいして、われわれはまだ国際的には私闘権（Fehderecht）の水準に立っている。C・F・フォン・ヴァイツゼッカーは、国際的和解［平和］を、内的和解を手本にして、すなわち従来の対外政治から世界国家の枠のなかでの世界内政治への移行によって、守るように提案した。個別的国家間の戦争、今日の様式において存在している主権国家間の戦争を防御しうるためには、他方でそのような世界国家が暴力を独占して自由に行使できなければならないだろう。歴史的に見れば、こうした絶対的国家は私闘権を越えたところにある、そのつぎなる段階であろう。

自然的共世界にたいする工業経済的かかわりにおいて、もちろんわれわれはもはや私闘権の段階にあるわけではない。なぜなら、自然にたいする闘いはとっくに技術の優位によって決定されているからである。したがって、それは絶対主義［自然にたいする絶対支配の意味だけではなく、政治的絶対主義、絶対王政の意味も含む］の段階にあるのだが。私はそれを近代国家の最も初期の現象形式として理解している。こうした近代国家の現象形式はフランス革命によって終局を迎えることになるが、こうした現象形式はもともと一六世紀の宗教戦争への解答であった。《制限されず分割もされず管理されることもない国家権力が支配者に付与されている国家秩序においては、その支配者は法に屈服させられず（princeps legibus solutus）、国家権力の執行にさいしてもその他の機関（身分代表者、議会等々）のいかなる協力にも拘束されない。》（Forsthoff 1966, 14）

自然とはわれわれであり、世界の他のものはわれわれ以外のもののために存在するのではないという公準にしたがって、われわれが自然をわれわれの目的に従属させるかぎりにおいて、自然的共世界にたいする工業経済的かかわりは、絶対主義的と呼ばれるに値する。［政治的］絶対主義においてと同様に工業社会においてもまた、自然的共世界は主権者である人類にたいしていかなる権利ももっていない。

ルートヴィヒ一五世のころの高慢な貴族［人間の自然支配を絶対的と考えている人］に、国民、賤民［自然的共世界］にたいする感情を目覚めさせることは、近代の住人に、この世界の事物は彼によって探しだされ、変形させられ、利用されるのとは別のものとして現に存在しているのだという表象をもたせるよりも、より大きな見こみをもっているであろう。（Ernst Kästner 1982, 161）

だが自然的共世界にたいするわれわれの力が恣意的でなく、一定の秩序にしたがって執行されるかぎりにおいて、自然の工業社会的支配は専制的あるいは独裁的ではなく、絶対主義的である。私が思い描いている自然との和解の根本思想は以下のとおりである。すなわち、ベーコンの権力の第三段階の上に立っている自然との和解は、近代法治国家形態の第一段階と同一の形式において見いだされうるということである。権力はつねに憲法にもとづく制限のなかでのみ行使されるべきであろうし、近代法治国家はそのための模範であるということをわれわれが政治的歴史から学んだからには、こうした洞察は自然的共世界への関係においても場所を与えられなければならないだろう。こうして自然との和解は、人類の自然的共世界にたいするかかわりが人類を超える自然的法共同体においては、憲法にしたがって規制されるということを意味している。

人類が一般に自然の支配を行使してよいということは、依然として認められている。しかしながら、法の支配のみが自然に適っている（Platon, Nomoi 690c）。絶対主義的支配から法治国家的支配へ移行することが肝要である。――人類の自然支配である――人間中心主義的政治（Anthropokratie）は正当であるにちがいない。だがそれには、人間中心主義的政治は全体にたいする責任によって制限されているということが属しているのである。

人類自体はけっして閉じられた社会ではなく、自然的生命共同体の一部としてのみ人類は人類であるということが、私が5、6章の論述にしたがって前提にしている自然中心主義的人間像から結果する。人間は人間社会においてあるだけで真に人間でありうるのではなく、自然的共同体のなかで動物や植物、風や水、天や地とともにあってこそ真に人間でありうるということが、本質的に人間の規定のなかにはある。

二つの先行する章で展開された自然像と人間像から、われわれの行為においては自然的共世界をそれ自身のために考慮すべきであり、われわれ自身のためにだけ考慮すべきではないということが結論として出てくる。しかしこのことはただちに、人間と共世界との関係がまさしく法形式的に規制されなければならないということを、まだ意味してはいない。社会的争いに法治国家的に決着をつけるという模範像にしたがって、自然との和解も同様に法的に規制することは、私にとっては歴史的比較からも帰結する思想である。

近代法治国家においていわゆる法の前での平等が、絶対主義的支配者の前での平等にかわって登場する必要があったかぎりにおいて、絶対主義はまさしく歴史的に見て近代法治国家の先駆者であった。自然的共世界にたいする人間的絶対主義を、絶対主義国家の絶対主義と類比して考えるとすれば、自然においても近代法治国家が絶対主義にかわって登場すべきであろうと私は考える。こうして、人類と自然的共世界を調和的に包括する自然の法共同体が生じることになろう。自然的共世界にとってもホッブズからロックへの移行が肝要なのである。ロックにおいては、諸個人はおのずから権利をもっているが、ホッブズにおいてはそうではない。

自然的共世界がもつ固有の価値は、自然に権利が認められることによって尊敬されるばかりでなく、自然がもつ家父長制的関係［人間を家父長とし、自然をその家族とする関係］においても［いちおうは］尊敬されうるであろう。ここでは家父長制と家母長制、すなわち男性支配と女性支配の区別が重要ではないので、この家父長制的関係は人間中心制的と呼びうるであろうが、それはたとえばよき家父長が彼に従属しているものたちすべてを、彼のため以外には存在しないように扱うほどには人間中心主義的である必要はなかった。人間中心制は――家父長制的／家母長制的福祉にもとづいて形成された人間中心的政治は――、たぶんわれわれの自然的共世界にとっては、自然の法共同体よりそんなに悪くはないかもしれない。［というのも］家父長に従順な者ですら、権力分立における平等な法秩序の成立をつうじてかならずしも何かを獲得したわけではなかったのである［から］。

イリング・フェッチャー（Iring Fetscher）は正当にも以下のことを思い出させた。すなわち、《……倫理はたとえ平等社会において完全にその場所を得るとしても、解放過程の否定的副産物として、手助けをなくした子供にたいする大人の関係において、手助けを必要とする病人にたいする健康人の関係において、体力の弱った老人にたいする屈強な若者の関係において、総じて言えば動物にたいする人間の関係において、上から下まで倫理は忘れ去られてしまい、評判を落としてしまうであろう》（1982, 733f.）と。だが今日ではまず、人間社会の秩序を全体の秩序と合致させることが重要であり、しかも人間にたいするわれわれのかかわりを、その他の世界にたいするかかわりと原則的には違う仕方で規制しないことが重要でなければならない。もしわれわれが啓蒙とともに人間の側に立ちつづけるならば、われわれは啓蒙の側に立ちつづけることになる。しかしながら、自然的共世界に対立するいかなる人間中心制も、近代工業社会の法治国家と調和しないのであり、家父長制的ないし家母長制的関係も社会では今日もはや望まれないのである。

人類が自然に責任を負っているということを前提にすれば、自然に対立しつつ絶対主義的にこれにかかわる近代法治国家から、自然の法共同体への移行は、国家論的にはこの責任にもとづいて遂行されなければならない。ペーター・サラディン（Peter Saladin）は彼の新しい著作（1984）で、責任はまさしく近代法治国家の根本原理でもあるということをあきらかにした。私見によれば、彼は近代法治国家が人類を超えて拡張される未来の国家哲学の進むべき道を示した。

自然的共世界にたいする人間の責任は、私にとっては自然中心主義的人間像から生じる。自然的共世界の権利はいかなる仕方で考えられているのか、ここではいかなる観点にしたがって正義と不正義は区別されうるのか、こうしたことが以下の章の対象である。

人間の自然における権力掌握によって、人間にたいする人間の権力、および国家にたいする国家の権力が大きくなることは、古い種類の政治権力が科学的・技術的権力によって補完されるということを意味してはいない。自然的共世界にたいする権力が人間間の、そして国家間の権力に別の性格を与えるということが、むしろ重要なのである。この変化は、科学的・技術的発展が現にある争いの決着の形式を変更するのと同様に、まったく新しい争いを呼びおこすという点においてあきらかになる（9・3）。

自然的共世界にたいする支配のなかで和解を求めることこそ、私見によれば、環境保護一般のために必要な技術的および行政的可能性に道を開くための政治的前提である。こうした自然との和解を求めるなら、〈最小限の倫理〉（Hartkopf, Bohne）は将来を保障するものではない。［それなのに］この問題［自然との和解］を求めることは七〇年代の小さな環境政策においては絶望的なくらい過小評価されていた。それゆえに、従来の政策の中心点を見なおしたり、重要なものを移し変えるというようなことは行なわれなかった。しかし、［いまや］自然との和解が、自然的共世界への人間のかかわりに関してさまざまな決定がなされるすべての政策の、新しい中心点へと形成されなければならないのである。全政策が変更されなければならない。［だが］新しい領域への拡張がまだ十分ではないのである。

市民階級の解放は、われわれの自然的共世界を征服するための科学的技術的可能性、それゆえに現在の工業社会にたいして歴史的に場所を与えた政治的変化であった。いまや、自然との和解を求めるために、工業国の政治はまったく新しい基盤の上に置かれるであろうし、そのかぎりにおいてそれは一八世紀末の技術革命や政治革命に劣らず根源的であるだろう。実際ここでは、千年の転換に匹敵する政治的更新が問題となっているのである。なぜなら、自然における近代の権力奪取はベーコンの宣言よりもはるか以前、つまりこの千年の最初の世紀においてすでに始まっていたのだから。

7・2　新しい夢そして陸と海を越えて突き進むこと

第二の千年期経過のなかで、陸と海を越えて突き進むことがヨーロッパにおける政治的・社会的発展の決定的規定要素となる。それは一一世紀から一三世紀までの十字軍の遠征とともに始まった。

世界へのこの遠征は信仰という衣をまとい、聖地をめざして行なわれた。だが、のちには新しい衣と新しい目標が生まれたが、残ったのはただただ突き進むことであった。

たとえば、南フランスにある風の山モンヴァントゥでのフランチェスコ・ペトラルカの詩情溢れる登山が、さらなる発展の特性を示していた。ある山に登ろうとすることは、当時最も非日常的なことであったし、人が山の上でなにかを探したり見つけたりしなければならなかったときに、行なわれるのがせいぜいのところだった。だが、一三三六年ペトラルカによって考案された登山は、登山自身のために行なわれ、なにか別の目的のために役立つことはなかった最初の登山であった。その美しさとひろがりのなかで景観を見わたすことが、彼には大事であった。こうしたことが生じたのは拡張指向の感性によるものであるが、この感性が風の山を生じさせ、この山から詩人は、この惑星がその征服者に要求しなければならなかったことの概要を、近代人の代理となって入手したのであった。

ペトラルカ自身は彼が考案した登山の不確かさをよく自覚していた。彼はそのうえさらなる発展のために預言者ふうに教父哲学者アウグスチヌスの『告白』を山頂で開き、そこでこともあろうに以下の文章に示されている状態に浸ろうと考えた。すなわち、《かくして人間は消えていくが、山の頂、巨大な海の満ち潮、ごうごうと音を立てる嵐、海洋の循環、星の回転に驚嘆し、それらに熱中し自分自身を忘れる。》（X. 8. 15）彼はそのうえ、「私はおまえにいっさいを与えよう。だからおまえはひざまずき、私を讃えよ」というイエスにたいする第三の誘惑について考えることもできたであろう。ペトラルカの登山は、中世後期に展開された自然にたいする新しい関係の特性を示している。マルコ・ポーロはその半世紀前に大ハーンに雇われて中国に行った。バーソロミュー・ディアスはその百五〇年後の一四八七年に最初に喜望峰を回ったし、一四九二年コロンブスは大西洋の向こうに西インドを発見した。だが、これらの旅行は新しい精神の特性を示していたばかりでなく、その旅行に必要な技術的諸前提が満たされたという事実を示しているのである。

すなわち、自然的共世界の近接領域も再発見された。動物と植物、山と河、海と雲といったわれわれをとり囲んでいる世界へ、あるときアッシジのフランチェスカがキリスト教的友愛でもって顔を向けたことがある。彼はこれら世界のいっさいを共被造物（Mitgeschöpf）として宗教的に認識した。しかしながら、さらなる発展の特性を示しているのは、おびただしいエネルギー技術的、農業技術的そして交通技術的発明品であった。工業社会において仕上げられる、人類によって想定された目的にもとづく自然的共世界の征服は、これらの発明品とともに一二、三世紀に始まった。重要な実例は、水車や風車、耕運機、馬車用の首輪、銃砲、後部の方向舵、コンパスである。《人は一三世紀に発明することを発見した。》（Krolzik 1979, 53）

中世は工業社会的パースペクティブから見ても、今日までしばしば考えられていたよりははるかに進んでいた。近代の欲求は中世から現われたばかりでなく、近代の欲求が満足させられることができた基盤をも中世が提供したのである。そのさい、精神的発展は、とりわけ新しい目標がゆっくりと発生してくる形態から見れば、その時代時代の技術史的水準以上のものを示しているのである。

ここではとくに、個人的発展にとっても、社会的発展にとっても、いかなる夢がそれに先行するかということが決定的な意味をもっている。

しかし不安定ながら、たとえばフランシス・ベーコンと同姓の中世末の男、イギリスのフランチェスコ会修道士であるロジャー・ベーコンは、さらなる発展の特色を示している。ロジャー・ベーコンが望んだのは、古代の地球中心の体系であるプトレマイオスの体系で可能であったよりはるかに詳細に天体の運行が計算しうるばかりでなく、技術的発展の基礎もそこにあるはずである実験科学であった。たとえば、彼は敵の考えを変え、敵の意志を破壊することによって敵を敗走させる可能性を考えた。さらに発明されるべきものとして彼が名前をあげたのは、入れ替える必要のないプールとつねに燃えているランプであった。それゆえ、彼にとって大事であったのは平和的欲求であった。しかし、彼はそこから再三再四軍事的発展へ戻った。

もちろん、ロジャー・ベーコンの技術的に全能になる夢は、その時代に実践的に実現することなどできはしなかった。しかし、彼の夢が近代人の夢でなかったとすれば、つぎの世紀に自然科学的・工業経済的発展へいたることは難しかった。なぜなら、われわれはわれわれの夢の光のなかで望ましいものを認識するからであり、われわれがすでに夢見た望ましいものと同じ道筋を知覚するからである。ゲーテは『親和力』のなかで、オティーリエにつぎのような日記を書かせる。《私は、夢見ることをやめないためにだけ夢を見ると考える。》（HA VI. 375）しかし実際には非常にさまざまな種類の夢が存在し、いろいろな夢が見られる。工業社会の夢はわれわれが［工業社会実現の夢だけを見るようにしむけ」その他のきわめて多くの夢を見ないように導く。それにたいしてインディアンの酋長シャトルはアメリカ大統領につぎのように説明した。《われわれは未開人である。——白人の夢はわれわれが何であるかを隠してしまった。》(1855/1982, 35)

ロジャー・ベーコンの夢は、自然的共世界と歴史的共世界を軍事的、技術的に支配することによって、科学的真理が何であるかを暴露することであった。支配力や権力は、ふつうは人間と人間の関係の社会的、軍事的、政治的現象としてのみ意識されているが、われわれは支配力や権力を近代自然科学と技術の大成果にもとづいて語る。三百年後にフランシス・ベーコンが、政治的権力展開の最高段階として人類に推薦した大成果の手本となったのは、近代初頭の発見旅行だった。

一六世紀には地上での発見はすでに最高点に達していたが、さらに言えばもうとうに宗教的装いは失われていた。だから、フランシス・ベーコンが彼によって宣言された科学的発展を、大発見旅行のなかに置いたということは驚くにあたらない。すなわち、

われわれの時代に行なわれたとてつもなく大きな大陸旅行や海洋旅行によって、どれだけ多くのものが自然のなかに発見されなかったであろうか。[なんと多くのものが発見されたことか。]そうした発見は哲学へもなんと大きな光を放ってくれるだろう。外界の領域——地理学や海洋学や天体学——において巨大な進歩をなしたわれわれの時代にとって、もしその進歩を精神世界の領域に閉じこめ、年寄りのみすぼらしい知識に制限しようとするのであれば、それはほんと

うに恥ずべきことであろう。(Neues Organon I. §84)

ベーコンが科学的技術的な自然の征服とならんで、コロンブスの旅行あるいはアレクサンダー大王の侵略のための出兵を、第二段階の(副次的)権力発展の領域を越える、科学技術的な自然征服に比肩しうる偉大な出来事として承認したことは、まったくたいした洞察である。

ただし、発見旅行を科学的大成果によってより上位に置こうとすることには、疑問の余地があった。なぜなら、アレクサンダーやコロンブスの冒険スペクタルは精神的自然征服を欠いていたからである。彼らはこの冒険をつうじて、ベーコンが要求したほどには、純化された夢や権力欲を満たしたのではなかったからである。だが、ベーコンは自説を正当化する必要から質素を徳とした。すなわち、アレクサンダー大王は《なによりも確固とした勇気のなかにいて、そこから空虚な華美を軽蔑した。いつか質素に類似した徳がわれわれによって評価されるであろう。》(同上I. §97)

以上、近代初頭の偉大な発見旅行は科学的・技術的な自然の研究、開発、征服のお手本であった。自然における人類の権力掌握は、第二の千年紀の歴史的発展にたいする共通分母である。

中世が近代になって船舶および武器の技術において発展したことは、西ヨーロッパが世界の残りの地域を、植民地として搾取するほどの優位を可能にしたばかりではなかった。むしろ、貿易と植民地化によって獲得された富は、それ以上のさらなる大きな富のための基礎となったのである。そしてこの富こそが、科学と技術の近代的発展にもとづく発見旅行というお手本にしたがって、工業国形成を可能にしたのであった。こうした前史は、現在の発展途上国にとっても同じ道が変わることなく現在でも通用しているということを意味している。

科学と技術にもとづいて、とりわけ科学自身にもとづいた権力形成が9章のテーマである。今日では、工業経済が自然的共世界の侵略と奪取の形式であるということは、もはやいかなる基礎づけも必要としない。すでに言及したロマン派の国家および経済の理論家であるアダム・ミューラー（一七七九―一八二九）は、私の見るところはじめて、権力発展のこの段階で戦争と平和を区別する思想を把握した人であった。

工業生産にもとづく自由な市場経済は、もしそれがなりゆきにまかせられたなら、政治や社会の現存している秩序を破壊するであろうと、ミューラーは認識した。《私は人間の全家計をひとつの工業として想定してみることができる。しかしその場合には、その工業がすべてのものを、人間的な仕方ですべてのものを、そしてその工業にふさわしいものを手に入れようとするときには、その工業は同時に、すべての人を防御するような工業でなければならない。》（1809/1983, 285）それゆえに、経済生活、すなわちこの《武装された自然との和解［人間による自然の暴力的支配］》（同上）には、規範的制限が立てられなければならないだろう。しかしそのためには、環境との協調ではなく、工業経済の社会との協調が重要である。自然との現実的な和解のためには、そしてそのような和解をつうじて、武装された和解、すなわち自然における人間の暴力的な権力掌握には、今日ではピリオドが打たれなければならないだろう。工業経済的な権力が発展することは、ずっと長いこと《自然支配として婉曲的に誤解》(Sieferle 1984, 153) されてきた。だが、自然との［真の］和解はいかなる形式においてて見いだされうるのか。

7・3　現存するものの維持か――自然との停戦の条件

進行する環境破壊を眼前にして、自然との和解は、破壊に終局がもたらされる点にあるべきであろう。だが、この要請は、現在の経済が――多くの仕事場を含めて――広範囲にわたって環境破壊によって生きているのであるから、実現することは困難であるばかりでなく、破壊の終局が単純に現存するものの維持によってはもたらされえないという点にも問題があるのである。

現存するものの維持は、とりわけ以下の三つの理由から環境政策の重要な目標であってはならない。

1．われわれの自然的共世界は現在の状況下では、それを保持していくことが支持できないほどの範囲で損害を与えられている。

2．6章の考察にしたがえば、原則的にわれわれが自然的共世界を変えることを抑制することは重要なことではない。なぜなら、自然を変えることはわれわれにとっては生の必然であるから。むしろ唯一の興味ある問いかけは、［自然との］つき合いのいかなる様式が正当化されるべきであり、かつ正当化されるべきでないのかということである。

3. キリスト教徒は自分自身のためばかりではなく、自然的共世界のためにも配慮し、自然が受けた受難に自由の印しを対置するように訴えられている。

それゆえに、われわれはわれわれの活動をつうじて今後とも自然的共世界に影響を及ぼすであろうし、また及ぼしてよいのである。

だが、われわれが共世界に干渉するやいなや、われわれはもはや普通にはすべての利益を正当に評価することはできない。

私の実存は千の仕方で他者との争いのなかにある。生命を破壊したり、傷つけたりする定めが私には課されている。私がひとり小道を散歩するとき、私の足はそこに住んでいる小さな生き物の破壊と苦しみをもたらす。私は私の現存在を維持するために、傷つけられる現存在からわが身を守らなければならない。私は私の家に住んでいるハツカネズミの追跡者となり、私の家に巣を作ろうとしている昆虫の殺人者となり、私の命を危険に曝すかもしれないバクテリアの大量殺人者となる。私は私の栄養を植物と動物の破壊によって手に入れるのである。(A. Schweitzer 1923/1974, II. 387)

ことほどさようである。アルベルト・シュヴァイツアーも、われわれが他の生物を犠牲にして生きることを避けることができるなどとはまったく考えていなかったのである。とりわけつぎのことは疑問の余地などないであろう。すなわち、われわれは植物あるいは少なくともその果実を、生きるために必要とするということ。また、われわれは、人間の身体の抵抗力の強さによってであれ、病気の病原体の撲滅によってであれ、病気から身を守らなければならないということ。

それゆえに、自然との和解は、たとえば天然痘の病原体の撲滅を閉めだしてはならない。さらに、ちょっと極端な例を挙げると、動物実験はそれが他の方法で置き換えられず、重い苦しみと結びついていないかぎりは、人間医学および獣医学の目的のために原則的には閉めだされてはならないと考えている（8・4）。だが、他の生物を犠牲にしてわれわれの利益を主張するとしたら、いったいどの程度まで許されるであろうか。

基本的でひろく行きわたった解答は、自然的共世界のうちに類似したものが存在するすべてのものは［犠牲にされることが］許されている、ということである。若いころしばらく菜食主義者であったウイリアム・フランクリンの自叙伝から、私はたわいのない例を引きだしてみる。

私は以前にはとても魚が好きで、魚がフライパンから取り上げられるときは、私には芳しいにおいがした。タイセイヨウダラを開くときにその腹のなかに小魚が発見されることが、私の心のなかに浮かぶまでは、私は［菜食主義の］原則と［魚を食べる］快楽との間でしばらく揺れた。
（William Franklin 1983, 48）

こうした論証形式はきわめて簡単に乱用されうるものである。以下はよく行なわれている例である。〈自然史の経過のなかで生まれたほとんどの種は、今日ではもはや存在しない。したがって、われわれは種が死ぬことに寄与してもよい。〉

私は原子力論争の奇妙な例を思い出す。この論争では、ときにはプルトニウムは〈自然的〉であるということによって正当化されていた。結論は「すべての自然的なものはよい」で首尾一貫している。自然のなかで生じるものは自然的である。プルトニウムは（地球史の経過のなかで、アフリカのある場所で）かつて自然のなかで生じた。プルトニウムを評価することは、原子力利用にとっては決定的である。それゆえに、原子力発電所はいい。

原子力利用の是非を判断するために、まだいかなる工業社会も存在していない時代に、瞬間的にプルトニウムのようなものが存在したかどうかは、まったく重要なことではない。自然史的に種が死滅しているからといって、人間が死すべき運命にあることが人間を予定より早く殺してよいことの理由にはならないように、死滅を早めることは正当化されない。フランクリンの例においては、結局以下のことが考慮されうるであろう。すなわち、タイヘイヨウダラが食べる魚は、われわれ［菜食主義者］にとって魚ではなく植物が生きるのに重要であるように、タイヘイヨウダラにとって魚が生きるのに重要であるということが。なぜなら、タイヘイヨウダラは、ハンブルクの水性生物学者ヒューベルト・キャスパーが断言しているように、菜食主義の食餌では生命が維持できなかったからである。

他の生物を犠牲にしてわれわれの利益を主張することは、どの程度われわれに許されているか。このことは、われわれの自然的共世界の直観からは原則的に引きだされえないのである。なぜなら、――われわれがパウロの「ローマ人への手紙」から知ることになったように――自然のなかで起きるすべてのものがよいとはかぎらないからである。だがその場合、答えは「われわれは当該の共世界の利益にたいして人間の利益を比較考量し、われわれが人間の利益が勝っていることを正当化できると考えるところでは、人間の利益を貫徹しなければならない」という内容となることもありうる。

単純に環境政策的に共世界の維持が重要なのではなく、共世界の利益にたいして、われわれの利益をうるためにケースバイケースで何を行ない何を控えるかを比較考量しなければならないということを認めるのであれば、そこには政治的に巨大な問題が隠れている。すなわち、それを認めることになれば、共世界を犠牲にしてできるだけ工業経済的利益が満たされ、配慮されることによって人間的利益に原則的に優先権を与えるすべての立場が、ほっと息をつくであろう。すなわち、自然との和解が、人間と共世界との対立する利益の比較考量を認めるかぎり、われわれはこの比較考量が普通には経済に負担をかけないように配慮することになるだろう。

政治の古典的中心点［駆け引き、取引、妥協］を守る人びとは、妥協せずに一定の自然状態をすすんで断念することなどしない政治を、普通には恐れている。私もそのように厳格な［自然］維持の命令を一般的には支持できない。というのも、何と言ってもその場合には、共世界保護のために人間を滅ぼす結論すら締めだされていないから。とはいえ、私はその厳格な維持命令にたいして、比較考量原理を私なりに解釈することによって接近するであろう。とりわけ、私は自然との和解の政治［政策］をある種の停戦によって惹きおこすことを薦める。この停戦においては、以下の条件が有効である。

1．自然的共世界の破壊がそうこうするうちにきわめて高い発展段階に達したあとには、人間的利益と自然的共世界の利益との比較考量は、さしあたり普通には〈自然的〉関係が維持、回復されるという結果を生じるべきであろう。そこで〈自然的〉で考えられているのは、いわば百年前の自然的共世界の状態や、工業化された大都市圏の外側にある自然的共世界の状態であろう。なぜなら、一般的環境破壊は二〇世紀になってからのことであったから。この点で、森林枯死にピリオドをうつことができるだろう。

2．ルソーの比喩によれば、足の不自由な人から松葉杖を取り去るべきではないし、負傷者が死なないように傷口からナイフを引き抜くべきではない。工業社会の環境破壊は、若干の領域［発展途上国］においても、長年にわたって生じた害悪であるだろうが、［先進国にとってよりは］小さな害悪であろう。しかし、第三世界の貧困の軽減、働き口の維持等々の［政策］も、現在ではそれと同時に環境破壊を終わらせるための現実的で説得力のある政策が始められるときにのみ、正当化されうるのである。七〇年代の小さな環境政策はそのためには十分ではなく、自然との和解が政治の主要目標にならなければならないのである。

3. 工業経済過程で環境負荷をかけないことを評価する場合、有害であると証明されたものが禁止されなければならないだけでなく、最上の知にしたがって無害であるものはやはり許されるべきである。この原理は治療薬の認可にさいしてもあてはまる。学問の今日的状況は、維持知が破壊知にたいして遅れをとっているから、普通には〈最上の〉知として妥当しえない。しかしながら、この遅れは挽回可能である（10章参照）。環境にやさしく、害を与えない技術や関係のあり方を積極的に評価することをめざす発見的原理は、われわれから独立に環境のうちで進行している過程がいわば自然史的には有効であることが実証されており、その点でそれがお手本として見なされてよいということを、とりあえずは認めている。この制限された意味で、私はバリー・コモナー（Barry Commoner）の第三の生態学の法則、「自然は最善のものを知っている」（Nature knows Best. 1971, 41）という法則を認めたい。

4. 大戦後いかなる範囲で景観が醜くされ、破壊されてきたかを今日思い浮かべるときに、大戦後の政策によって害をこうむった人たちが、その政策にたいして効果的に抵抗することができなかったということは、誤りであるように思われる。所有関係に依存しない故郷への権利といえども、大戦後の奇跡的経済復興への喜びが現在見られるような破壊的関係によって、ある程度曇らされるように邪魔しえたのではなかろうか。［そうではない。したがって］そうした故郷への基本権が、ドイツ連邦共和国の憲法に採用されるということ（12・4参照）は、自然的共世界との停戦の条件に属すべきであろう。

故郷への権利は、ドイツ連邦共和国ではバーデン・ヴュルテンベルク州の憲法（二条二章）のなかにだけある。この権利がこの州の環境状況にたいして影響をもったかどうかを、私には評価することができない。だが、すべての場合に、以下のことが考慮されなければならない。すなわち、故郷への権利は、（a）故郷感情が被害者に十分に行きわたっているかぎりにおいて価値があり、（b）この権利が裁判所にも配慮されうるかぎりにおいて価値がある、ということである。私はそれにたいして、環境は普通にはまさしくそこに定住している人によって破壊されるのであって、外から運びこまれるのではないという異議申し立てを行なう。なぜなら、故郷への権利はとりわけいかなる処分権ももたない人たちを、所有者にたいして強化することになるからである。

［環境］維持命令（1）は長期の発展のためにゆるめられることもありうる。自然性は結局百年まえの田舎の自然性である必要がない。しかしながら、人類という搾取する征服者の生活を、なおも容認しつづけること（2）にはピリオドが打たれなければならない。その諸条件（3）が何であるかは、人間の自然的共世界にたいする新しい方向づけによる詳細な規定を必要とする（4）。これについては、以下の章で扱う。

7・4　法と経済における自然との和解の比較的長期にわたる条件

まず、比較考量原理と正当化の規則が先行の章にもとづいて確認されるべきである。

1. 比較考量原理（Abwägungsprinzip）

自然的共世界にたいするかかわりにおいては、さまざまな人間の利益が相互に比較考量されうるばかりでなく（たとえば、レクリエーションの利益と交通の利益、2・6を参照）、われわれが認識可能であるかぎりで、人間的利益と自然的共世界の利益とのあいだで、比較考量がなされなければならない。こうした比較考量において、人間の利益に原則的優先権が与えられてはならない。しかし、われわれの利益が原則的に自然的共世界の利益より下位に置かれるようになってもいけない。

2. 正当化の義務

比較考量の規則はふつうには、われわれがどの程度自然的共世界を犠牲にしてわれわれの利益を貫徹してよいかについての、明確な決定へ導くことはないだろう。しかしながら、政治的状況は、人間的利益を自然的共世界にたいして貫徹することがいかなる仕方で正当化されうるであろうかということが熟慮され、説明されなければならないということによって、本質的に変わるのである。

公共的意識において、そのような説明義務が承認されるようになると、これまでまったく熟慮されることがなかった非自然的なことあるいは無法な忌まわしいことにたいする感受性が、結果的に研ぎすまされるようになる。このように知覚能力が研ぎすまされると、それは工業社会の行動様式にも決定的に影響を与えるであろう。今日の環境破壊はわれわれの知覚能力がいっせいに衰えたことによってのみ耐えられうるのである。

3. 人類と自然的共世界の法共同体

動物や花、木や石にたいするわれわれの行動は、われわれがそれらとのかかわりのなかで人間の権利――とくに所有権――を考慮しなければならないかぎりにおいてのみ、規制されている。しかしいまでは、自然的共世界に固有の権利を認定することは、自然の権利がおよぶかぎり自然自身のために自然を守ることを意味するであろう。われわれは自然的共世界自身のために自然的共世界を考慮すべきであり、われわれのために考慮すべきではないということが、5章の人間像から生じる。人類と自然的共世界との法共同体への移行は、われわれが自然征服者の状態にあることの終結を意味し、またわれわれが自然的共世界と類縁関係にあることの承認を意味する。この類縁関係は平等原理にしたがって、同一であるかぎりは同一に、異なっているかぎりは別々にという二つの仕方で扱うという法的帰結をもつ。これについての詳細な考察は以下の章に含まれる。

4. 経済的和解

国民総生産であれ、人口数であれ、無制約的増加はもはや健全なものと見なしてはならず、常軌を逸した病的な成長と見なしてよいという見解も、自然との和解には所属している。その理由は、そのような増加はただ自然的共世界の犠牲のうえに行なわれ、また共世界の――有限な世界においては避けることができない、破滅的な――終局によってその世界を巻き添えにするからである。

従来の経済成長がもつ破壊的性格は、公共的意識においてもすでにもはや疑われないものとなっている。たとえば、一九八一年のアレンバッヒャーのアンケートでは、《成長で何を考えるかと》質問された人の七七パーセントが環境汚染を考えたし、七五パーセントの人が技術の優位を考えたし、七三パーセントの人はストレスあるいは過労を考えたが、八二パーセントの人は新しい働き口をも考えた。この最後の答えは、その破壊的作用にもかかわらず七〇パーセントの人が、以下のような質問が同時になされるとしても、経済成長を支持するための根拠となるかもしれない。

あなたの経済的状況、たとえばあなたの住居の広さ、家具、あなたがそこで所有しているものが、一〇年後に今とまったく同じであったら、あなたはそれで満足するであろうか、それとも満足しないであろうか。

質問を受けた人の七七パーセントは《満足である》と答えた（Klipstein/Strümpel 1984, 191)。自然を愛する感情と技術万能主義の論拠（同上、107）とが一つになって、やはり成長は誰もその打開策を知らない悪として見なされる。

私は、新しい経済スタイルの範囲のなかで文化的に還元することによって、工業経済を自然化することを、打開策として推薦する（6・4、12・1／2）。自然においては、そしてまた自然との和解においては、健全な成長はつねに環境において開かれた体系をもつ自己組織化された（selbstorganisiert）全的（ganzheitlich）構造にあり、たんなる増大や何かが堆積していくことではない。エドゥアルド・ペステル（Eduard Pestel）とミハイロ・メサロヴィッチ（Mihailo Mesarovic）は、そういう見方を支持して、健全で許容可能な成長を《有機的成長》（organisches Wachstum）と呼んだ。《われわれは、可能なかぎり癌性の画一的な成長の道をさらに追求するか、それとも有機的成長の道を選択するかの決断を迫られている。》（1974, 17）

成長は一般に生命の最も根源的な特質である。それゆえに、植物や動物と同様に、都市、商社、家族、政治大国においても同じように成長が語られる。だが、すべての自然的な成長発展は、内的規制によって終わりにいたるか、あるいはだんだんと感じられるようになる環境の限界という飽和化の形態において終わりにいたる。そのさいには、そのつど当該の体系が相対的にそれへ向けて〈開かれて〉いる上位に置かれた構造との連関、それゆえ喩えて言えば細胞が所属している有機体（Organismus）が、環境として働くのである。《なぜなら、環境とは生けるものにおいては、上位に置かれた全体性のなかでみずから再分肢化されていること以外の何ものをも意味していなかった。》

(A. Meyer-Abich 1950, 53)

それゆえ、人口増加や諸個人および諸国民の経済的活動が、他の部分や全体を犠牲にした部分の危機的増大を導くとすれば、自然との和解は第一、第二段階の成長に限界を設け、成長をおかしな増殖に変質させないような、第三段階の包括的秩序であるべきだろう。したがって、自然との和解を求めることは、ローマクラブの世界モデルで提示された諸問題の解決が見いだされるための政治的前提である。その場合もはや断じて、成長の限界について語られるべきではなく、無制約で常軌を逸した病的増大について語られるべきであろう。

自然という言葉は本来〈生長、生育〉(Wuchs)を意味しているのだが、飽和へのカーブを辿りながら、全体の利益のうちにおのれの限界を見いだすところの有機的成長の様式にしたがった経済成長は、自然との和解に属する。それゆえに、どうしてもバランスが維持される必要はないが、しかしくり返し新たにバランスがとり戻されなければならない。この意味で、環境問題がもとづいている評価危機は限界危機であることが証明される。

経済過程がもつ固有の力学のなりゆきにまかせ、ふたたび自然を犠牲にしないための統制的原理は、出入り(Gebeu und Nehmen)のバランスである。われわれがわれわれのほうから自然的共世界に与える以上に、全体的に見て自然的共世界から受け取らないように努力すべきであろう。

経済発展が全体の利益においておのれの限界を見いだし、それによって経済発展が有機的意味で成長の形式を有しつつバランスも保つようになることは、今日の経済体制の多くの支持者にとっても、またほとんどの批判者にとっても、それによって市場経済の終結の始まりが告げられているように聞こえるであろう。私はこうした［市場経済の終わりという］帰結を不可避なものとみなすのではなく、むしろ私の提言を、人間の活動をできるだけ見とおし可能な領域に制限するという、もともと市場原理という言葉がもっている意味を、呼び覚ますこととして理解している（6・4参照）。

ギュンター・クネルト（Günter Kunert）の詩のなかに《われわれすべてがすべての人の利益を欲するがゆえに、すべてが悪くなる》（1977, 48）がある。各人がいつでも普遍的福利の利益にしたがって活動するようになるということは、過剰な要求であるばかりでなく、またそれゆえに普遍化できるものではない。そうではなくむしろ、各人はまずしっかりと〈自分のこと〉をなすときにでさえ、公共の福利に仕えているのである。私の理解によれば、このことはアダム・スミスの道徳哲学の根本思想であるが、彼は彼以後の、私益を単純に公益にするような平板化を主張したわけではなかった。

現在、見とおし可能という［市場経済の］性質は、むしろ現在の経済に批判的評価を下す人びとによって評価されるのであるが、今日の市場経済の弁護者においては、見とおし可能という性質がますます悪いものにされているように思われる。なぜなら、彼らが守ろうとするのは、たいてい財産だけであるから。それにたいして、私は《公平、自由、正義についてのリベラルな考えにしたがって、各個人が自分の利益を自分なりの仕方で追求することを認める》（Smith 1776/1978, 560）ことは不変的に正しいものと考える。［だが］この原則は今日ではもちろん二百年前とは別の仕方で解釈されなければならない。

　ドイツ連邦共和国の国民にとっては、見とおし可能な生活領域のうちのいたるところに自然的共世界がある。しかし第三世界あるいは子や孫など後世の人びとにはそれがない。それゆえに、われわれが見たことがない未来世代のために、われわれが見ている植物や動物を保護すべきであるというよりずっと、未来世代の利益にも役立つ自然的共世界を保護することのほうが自然である。近くにあるものにたいして正しくかかわることは、遠くにあるものを真に好んでいるかどうかの吟味でもある。《ある人がつぎのように語っている。〈わたしは神を愛している〉が、嘘つきである兄弟を憎んでいる。では、いつも見ている彼の兄弟を愛さない人がどうして見たことがない神を愛することができるのか。》（1. Joh. 4. 20）ここで兄弟について語られているものは、自然的共世界にも妥当する。

7・5　新しい意識の条件

　環境はわれわれのために存在し、われわれのため以外には存在しないというように、われわれが征服者の態度をとるかぎり、われわれをせいぜい環境保護へとうながすことができるのは、未来世代にたいする考慮である。われわれが5章の人間像にしたがってわれわれを、そこにおいて自然が言語化され、それとともに自然が前へと駆り立てられるものとして理解するならば、われわれはこのちょっと遠まわりできわめて問題の多い構成を必要としない。とはいえ、われわれは人間生活の自然との連関における、人間中心主義的態度から自然中心主義態度への移行を、いかなる仕方で見いだすのか。

ルソーはかつて、母はまず自分自身の欲望からその子供のことを心配するが、のちには愛から子供のために心配する（1755/1955, 64）、と語った。自然的共世界への愛は、われわれが自然的共世界自身のために自然的共世界を考慮すべきか、それともわれわれ自身のために自然的共世界を考慮すべきかということがけっして問題にはなりえない人びとの立場である。その問題は白い壁の白いチョークと同様に知覚しにくい。人は愛するものを、自分から自分自身のために承認する。

だが、自然的共世界への愛はきわめて広範囲におよぶ要求である。アッシジのフランチェスカはそうした愛をおこなった。自然への愛のための神話的モデルは、神々のまなざしのなかで追い立てられて自然存在となる猟師アクタイオンである。ジョルダーノ・ブルーノはある詩のなかで、自己をこの運命と同一視した。すなわち、《私は遠大な目標へと思想を駆り立てる。私自身を目標へと反転させつつ切り替えるのである。思想はズタズタに引き裂かれる。》（1982, 438）ギュンター・アルトナーはこの経験につぎの言葉を与えた。すなわち、《われわれが今日他の仕方でなし遂げなければならないことにたいする比喩的価値をもっている》（1982, 438）と。しかし、われわれはいまや自然との政治的和解のために、［上述のように抽象的にではなく］まずよりわかりやすく実現可能な条件を立てなければならないのだが、上述の諸言説はそこからはまだ遠く隔たっている。
私が4・3で〈独語的〉(monologisch)と名づけた技術的・道具的自然理解を〈対話的なもの〉(ein dialogisches)によって克服することが、ひとつの条件となるだろう。ただ語るだけで何も聞かない人間は独語的にふるまう。自然が自己自身との会話に、それゆえたとえば自然哲学的自己経験へ、あるいは人間と植物ないしは動物とのあいだの会話へ入っていくように、自然がわれわれにおいて言語化されるような自然的共世界への関係が対話的であろう。それらの本性がわれわれのなかで聞きとり可能になるように、われわれを植物や動物のうちに移しさえすればよい——われわれ人間こそ自然を言語化する者であるとしてもである。
自然的共世界への対話的関係にとって何が有効ではあるかと言えば、個別的個人に親密にかかわるようなかかわり方である。だが、意志の疎通が正しく行なわれないかぎり、その問題は《われわれにも、他の諸個人にも責任が求められうる。……なぜなら、他の諸個人がわれわれを理解するほどには、われわれは他の諸個人を理解しないから。こうした理由から、われわれが他の諸個人にたいするのと同様に、他の諸個人もわれわれを馬鹿な動物とみなすことができる。》(Montaigne 1953, 194 = II. Kap. 12)
工業社会がこのまま維持されるのであれば、われわれのまわりに存在しているすべてのものにたいする愛は、もちろん対話的関係を含んではいるが一般的には実現不可能な要求であるので、これまでの倫理学はなるほど目標を達成できるにしても、けっして十分ではない。というのも、私はすべてのこれまでの倫理学の関係規則を、「君が欲しないことを人が君に行なう。こういうことを君はけっして他人にしてはならない」という原則に依存している規則と考えるからである。私が私に対立している他者に同じことを期待できるということが、人間のもとに普遍化可能であるとしても、他者にたいしてそのように関係することは、もともと啓蒙化された自己中心主義であるにすぎない。なぜなら、この関係は人間と人間との一定の関係様式をあらかじめ計算に入れることができる自己利益にもとづくからである。

人間［mitmenschlich や Mitmensch は共人間的、共人間と訳すべきであるかもしれないが、そう訳すと煩雑になり、わかりにくくなるので、「人間的」「人間」と訳したところが多い］の普遍化能力と自然への愛とのあいだの感情が同情（Mitleid）であるが、同情とは対立するもののうちへ感情移入し、対立するものを自分自身のために承認するが、——アクタイオンのように——愛にもとづいてはいない。ルソーはさらに、同情は人間には生まれつきの《自然な》（同上、76）固有の感情であると考えた。ショーペンハウアーはこの思想を一九世紀にふたたび採用した。同情は、「ローマ人への手紙」でパウロが描いた受難のために自然的共世界が獲得する、共感（Mitgefühl）の特殊な形式である。共感はひろい意味では、共世界への対話的関係の基礎であり、それゆえに自然との和解の第五の条件である。

5. 共感

共感はわれわれを、われわれとともに存在しているものの立場へと移す。ある倫理は、それが共感にもとづくときにはじめてすべての自己中心主義を超えている。われわれは自然的共世界に共感することによって、自然的共世界をそれ自身のために承認する。共感は、人間が自然的共世界の権利を自然的法共同体において承認し、対立する利益の比較考量において考慮するための前提である。われわれがこれまではただわれわれのほうからその他の世界を巻き添えにしているとしても、このことが共感においては逆のかたちでわれわれに生じるのである。自己の活動が利己心に支配されているホモ・エコノミクスは、こうした人間固有の感情を拒否するであろう。しかしながら、私が見るかぎり、今日ではつねに自分自身のためにすべてを行なうのではなく、——見とおし可能な範囲で——他者のためにも現存在したいという強い欲求が存在している。こうした欲求に反論の余地を与えないことは、人間の尊厳に属している（3・5）。

　共感の前提、そしてそれゆえに自然との和解のためのさらなる条件となるのは、非暴力である。なぜなら、暴力がなされるところでは、感情は死ぬからである。

6. 非暴力

　平和［和解］とは政治的に、現にある争いがもはや暴力的形式で決着をつけられることがない秩序であるとすれば、自然との和解においては自然的共世界にたいするいかなる暴力ももはや使われてはならない。いまでも武器をもった戦争であれ、武器をもたない戦争であれ、戦争がある。世界のうちには暴力が蔓延している。それどころか、われわれはわれわれの共世界に再三再四暴力を加えることによって生きている。だがまさしくこのことは、［われわれが］自然との和解を求めることに反対ではなく、賛成していることを意味している。世界は自然においてあり、世界は完全に暴力行為の歴史であるから、われわれは和解［平和］を求めるのである。まだ真の和解ではない政治的和解は、真の和解を求めて和解を現実的なものにしていくことに属している。

それと同じく、最終の非暴力は、われわれができるかぎり暴力にかわって自由の印しを立てることによって成就しうる、不完全な非暴力からは区別される。この不完全な非暴力は、完全な非暴力を求めているわれわれの現にある形式である。だから、われわれは、われわれが完全な非暴力を見いだしたかどうかで測られるのではなく、われわれが完全な非暴力を最大限の力を使って探したかどうかで測られるのである。

> ラビのジュショアはつぎのように語った。未来世界で、人は私に、なぜ君はモーゼでなかったのかとは質問しないであろうが、なぜ君はジュショアではなかったのかと、私に質問するであろう。（Buber 1949, 394）

目標から遠く離れているときには、求めていることが現実化することや目標に到達することが問題ではないから、哲学も知ではなく愛知を意味する。

そのうえ、われわれが非暴力を求めるわれわれの活動を、美への美的感情にもとづいて指導していくなら、自然との和解のための最も重要な根本条件が、人間生活の自然との連関についての新しい意識のなかで実現されることになろう。

7. 美

感性界の破壊にたいする感受性豊かな批判は、もしわれわれがその批判が役に立つことを知るならば、その感性［美］をわれわれに伝えるであろう。

感性的に反応する社会は、産業革命後の西側諸国の外観を特徴づけ、最後には東側諸国にも輸出された、人気がなくなった都市、不快感を起こさせる汚い家、非常に醜い教会、ボタ山、悪臭を発する川、くず鉄の山を我慢することなどできやしないだろう。人間ははじめて世界を感性的に見つめることを学ぶときにのみ、世界のために尽くすことを学ぶであろう。（Passmore 1974, 189/1980, 232）

なぜ環境危機においてわれわれの感性の形成が決定的に重要であるかは、ヤコブ・フォン・ユクスキュル（Jacob von Uexküll）の環境論から生じている。ユクスキュルの環境は活動する世界であると同様に観察される世界であり、彼はこれを働く世界（Wirkwelt）とか感覚世界（Merkwelt）とも名づけている。知覚（Wahrnehmung）という概念はたんなる観察を越えて、責任やチャンスの知覚を意味し、それゆえに観察と連関している実践を包括できるということをわれわれが思い出すならば、ユクスキュルの環境は、こうした広い意味での知覚世界であることが証明される。彼の環境は――人がそれとかかわりあうものという、プラグマのもつ根源的な意味で――観察と行為［活動］の実用的連関である。これを要約すると、「環境は知覚連関である。だから環境問題は知覚問題である」ということになる。

科学と技術が人間の知覚能力のゆがみ（Deformation）へと導いたということ、そしてこのゆがみはわれわれの感性の美的な形成の尺度にしたがってのみゆがみとして認識されうるということが、私のテーゼである。私はこのテーゼに11章で戻る。

7・6　自然の歴史

自然は歴史をもつ。われわれが知るかぎり、この歴史はもはや存在しない黄金時代と、まだ存在しない新しい地上を支配する新しい神（Himmel）とのあいだで展開されている。だが、われわれは聖書上の理解である最初の楽園から堕罪とバベルの塔建設によって分離されながらも、イエス・キリスト再臨の約束のなかでこの歴史を生きている。

最初の楽園はおびただしい伝承のなかで再三再四姿を現す。たとえば、ソクラテス以前の人エンペドクレスの場合、それはつぎのようなことを意味する。《そこではすべてのもの（被造物）は従順で、野生の動物や鳥も人間に慣れており、友情のこころの炎が燃えている。》（Diels-Kranz B130）イザヤもまた同じように終末の和解を、子羊の近くにいる狼の比喩によってつぎのように描写している。《狼は子羊の近くに住み、豹はヤギの側にいるだろう。少年は子牛と若いライオンと家畜を一緒に追い立てるだろう。》（Jes. 11. 6）

そのように、われわれが生きている歴史は上述のあいだにある。今日問題になっている自然との和解は、新しい神（天、Himmel）の下にある新しい現世（Erde）での終末的な和解ではありえない。そうではあるが、非暴力を求めたり、死海でエッセ派が模範を求めたりするのと同様に、われわれはこの和解をふたたび探し求めつつこれをありありと思い浮かべることができるのである（peace with nature, Szekely 1978. 72）。

自然哲学者ヘンリッヒ・シュテフェンス（Henrich Steffens）はつぎのように書いている。

われわれが自然を深く究明すればするほど、すべてのものが不滅の仕方でおたがいとともにおたがいのうちにあるところの、永遠なる和解の直観がおのずと胸のうちに湧いてくる。……けっして現われることはないのだが、それにもかかわらず神的なものがすべての現象のなかに存在している自然におけるこの永遠なるものは、内的な自然感情をつうじてわれわれのうちに起こるし、また信仰によって陶冶された認識に近づくことができる。（= damit, KMA）

われわれは、鏡におけるように、われわれに面と向かって生成してくるものを発見する。だが、この現世の生活では、神的なものは、自分のうちでこなごなに引き裂かれた現存在の不透明な闇のなかに引きずりこまれて、覆い隠されている。……／……われわれは自然の残虐性を洗い落とすことができるのか。……／……自然はその隣人や自己自身を破壊することなしには何も形成しなかったように、自然のすべてのものに隠されている食い尽くす力を、われわれは勇気をもって徐々に破壊していかなければならない。（1822, II. 178-180）

自然を牧歌的なものと考えることは、最も大きな過ちであろう。自然は神と同様に牧歌的ではない。若きゲーテは美学を愛する哲学者ヨハン・ゲオルク・ズルツァーに以下のように反論した。《荒れ狂う暴風、あふれるような水の流れ、火花の雨、地下にある灼熱、そしてすべての構成要素の死も、前面にひろがるブドウ畑や芳香を放つオレンジの森の上に洋々と昇ってくる太陽と同様に自然の永遠な生の真の証人ではないのか。……／……われわれが自然に何を見るかと言えば、それは力を組み合わせる力である。》（1772, HA XII. 17f.）ウェルテルにとって自然は不幸にも、《永遠に絡みあい、永遠にくり返す怪物》（HA VI. 53）となる。だが、のちに《短編小説》（1826/27）のなかで自然の暴力を愛によって飼いならすことを書き、《人間の健全な本性〔自然〕が全体として働くときには》（1805, HA XII. 98）宇宙が歓声をあげることを感じることができたのも、ゲーテであった。《自然との和解》が何を意味するか理解できるのは、この和解がいかにして存在しないのか、またそうではあるが和解の存在を期待することがなかったら和解は存在しないということを、知っている人だけである。自然との和解はわれわれが所有していない和解であり、この和解が遠いところにあることによってわれわれは自然的共世界とともに苦しみ、またそれゆえにこそわれわれは和解を求めもするのである。この探し求めによって、われわれがまだ体験もせず、またもたらしてもいないもの、つまり自然との和解が現存することになろう。和解を探し求めてこれをまざまざと思い浮かべ、これをやめないことが、われわれができる和解の現実化である。このことはわれわれの課題である。なぜなら、

世界は、生きるために意志が分裂することになる身の毛のよだつほどおそろしい劇である。ある存在は他者を犠牲にして自己を貫き、他者を破壊する。生きるための意志は知らない他者にたいしてだけは意欲的である。だが私においては、生きるための意志は、別の生きるための意志について知ることによって生まれたのである。(Schweizer II. 381)

もちろん、われわれの共世界において現在行なわれていることを見ている人には、ヘンリッヒ・シュテフェンスが書いたような和解を深いところで見ることはますます難しくなる。

ゴットフリート・ベン(Gottfried Benn)はゲーテを賞賛するが、それはゲーテが自然の悲劇を知覚できたが、それにもかかわらず自然を信じることができたからである。彼は一九三五年一〇月二

一日に彼のペンフレンドであるブレーメンのカウフマン・フリードリッヒ・ヴィルヘルム・エルツェにつぎのような手紙を書いた。《生命という結びあわされたおびただしく大量のものからその姿をのぞかせる安っぽい材料〔自然〕の真価は、たしかに承認されるべきであるが、それ〔自然〕はやはり安っぽく見られるべきではないのである。》だがそのさい、彼はゲーテに追随することはできず、すさまじいばかりの絶望のなかでゲーテの《短編小説》につぎのように反応した。

それはびっくりするようなゲーテの策略であるが、彼がわれわれに弁舌たくみに押しつけたかった、耐えがたいほどの老人の嘆願とは、結局つぎのようなライオンの命題である。〈もちろん時代遅れのようにではないが、……飼いならされた者のようにあれ！　平和の意志を抱く者のようにあれ！〉あなたはそこでつぎのことを知る。ライオン〔自然〕はもともと平和な動物であり、すべてのもの〔自然の事物〕はもともと平和的である。われわれのところにやって来るのは、間違いなくフルートをもった少年〔自然との和解〕だけである。これは正しい。しかし、この少年は来やしない。われわれは少年が来ないのを知っている。なんておしゃべり。なんて愚かなことか。（Benn an Oelze 27. 1. 1936）

生命と精神が、《生きて働いている〈能産的自然〉（Natura naturans）の》（同上、28. II. 1938/7. VI. 1936）二つの《結びついてはいるが非常にかけ離れた発現形式》として理解されるのなら、少年がやって来て、ライオンを飼いならすということを、いかにして信じることができるようになるだろうか。

だが、われわれはベン、ニーチェ、ダーウィニズム、あるいは近代自然科学をゲーテと争わせて漁夫の利を得るべきではないであろう。なぜなら、彼ら自身がそのなかで存立している自然の歴史があり、それは自然との和解の思想でもあるから。これこそ〔近代の諸思想の争い〕が、それ自身が自然史の過程である人間の思惟によって自然が自己自身の意識へいたる、精神的自然史なのである。ベンもまたそうした思惟をやはり《宇宙の……緊張緩和》として感じていた。(同上、9. III. 1941)

われわれは歴史の主体ではないので、自然との和解はわれわれの権限のなかにはない。マルティン・ハイデガーがかつて言ったように、現代という思惟なき時代にわれわれにふさわしいのは、独断的に世界を変えるのではなく、神の登場を期待することだけである。しかし、われわれが実際にこうした期待をもっており、われわれの権限のうちにはない自然史的和解を現実的に探し求めるかどうかは、何においてあきらかになるのか。独断的であることを超えて、いいいわれわれはあの主体の御名において、われわれは何をなすべきかを問わなければならない。——聖書の処女たちにおけるように——今日それを呈示しうる小さな光が何であり、大きな光のうちへと引き入れられるための条件とは何であるのか。

カントは自然史を、人類史のなかの自然の意図についての問いのもとに立てた。自然は絡みあいながらも、人間的観察者には規範的に現われるものだが、そうではあるにしてもわれわれとともに前進し、われわれとともについには限定された目標に到達するという自然の隠れた計画が、政治的、社会的、文化的発展の背後に隠れている可能性はないのだろうか。自然史における人類のそのような使命は存在するのか。

人類史のなかの自然の意図についての問いにたいするカントの答えは、以下のようになっている。

> 人類の歴史は全体的には、自然がそのすべての計画を人類において完全に発展させることができる唯一の状態である、内的に完全な国家体制を成就するための自然の隠された計画の遂行として考えられうる。（『世界市民的目的における普遍的歴史の理念』A 403 = VI. 45）

完全な国家体制への途上での最も大きな困難、そしてついに《最後に解決される》ことになるのではあるが《自然が……（人間に）強いる》解決へ向けた困難とは、《普遍的に法が支配する市民社会に到達することである。》（同上、396, 394 = VI. 39f.）

カントはここで人類の法共同体だけを考えたのであり、それゆえ人間の人間にたいする支配と国民の国民にたいする支配の憲法にもとづいた統制を考えた。だが、法治国家的な完全な国家体制という思想は、その視点にしたがえばただちに人間の自然支配へと拡張されうる。アリストテレスにとっても、人間は生まれつき（Politik 1253 a3）政治的動物であるが、そうした人間を私は今日的状況のなかでそのことを、自然がわれわれにおいて政治的となり、あるいはわれわれにおいて政治的に言語化されると、読みとるのである。

私見によれば、人類史のなかの自然の意図についての問いは、現代の環境危機においては、自然はみずからをわれわれとともに、憲法にもとづいて秩序づけられたすべての事物の法共同体へ駆り立てようとしていると、答えられるべきである。環境破壊から生じる歴史的真理と教えは、われわれが法治国家の発展のうちに自然的共世界を包含することによって、いまや自然との和解へ向けて進むべきであるという点にあるだろう。その場合には、自然との和解は自然史的に成長した人類の生の形式であろう。

訳者あとがき

この翻訳は、クラウス・ミヒャエル・マイヤー゠アービッヒの『自然との和解への道』の前半部分に該当する。原著は大部であるので上下二巻で出版することにした。したがって、「訳者あとがき」で内容の紹介をおこなうのが通例であろうが、それは下巻にまわして、ここでは本書成立の事情とアービッヒ環境哲学の特徴をごく簡単に紹介するにとどめたい。

本書はドイツ環境哲学の特徴とレベルの高さを表す格好の書物である。みすず書房からドイツを代表する環境哲学の成果はないかとたずねられて、私はまず友人のミュンスター大学教授ルートヴィヒ・ジープに、最近のドイツにおける代表的な環境哲学の成果をリストアップしてもらった。そのなかにはジープ自身のものを含めて、二十冊ほどの書物があった。このなかに、アービッヒのものが三冊あった。本書と『自然のための蜂起――環境から共世界へ』（一九九〇年）、『実践的自然哲学――忘れられた夢の記憶』（一九九七年）である。私は最初は『自然のための蜂起』を翻訳するつもりでいた。というのも、すでにこれを訳しつつあったからである。しかし、私自身が訳しながら「少し政治的すぎる」と感じはじめていたことを、ジープがメールではっきりと指摘してくれた。この本は三冊のなかでもっともわかりやすかったが、そのタイトル「蜂起」が示すように実際に少々煽動的であったから、アービッヒの本邦初訳にふさわしくないと判断した。つぎに、もっとも新しくしかも専門的な研究書が『実践的自然哲学』である。この本は三冊のなかでもっとも大部であり、あまりにも専門的で細かい議論が展開されており、ドイツ人にも難しいと聞いて翻訳出版としては断念した。最後に、本書だけはすでに絶版になっていて、なかなか手に入らなかった。しかし、ミュンスター大学哲学部の鵜沢和彦氏のご尽力でなんとか入手できた。結局、本書はドイツの環境思想を紹介するにはもっともふさわしい、しかもバランスのとれた書物であると判断し、今回の翻訳出版となった。

ところで、環境問題を哲学的に論じる学問は一般的には「環境倫理学」とよばれている。しかし、ドイツのそれは環境哲学とよばれるべきであろう。というのは、ドイツ環境哲学は環境問題を論じる場合でも「人間とは何か」という問いを手離すことはないし、さらに言えばけっして哲学史上の議論を無視することはないからである。たとえば、アービッヒは自己の環境哲学を「実践的自然哲学」とよぶ。これまではカントに顕著に見られるように、実践＝倫理学と認識＝自然哲学とはまったく異なる別の学問であった。アービッヒの環境哲学はそういった二元論的見方をしりぞけ、それらの統一を要請する。すなわち、アービッヒは「人間的なるもの」と「自然的なるもの」の統一体としての「ピュシス」を規範として哲学の根底に据えるのである。こうしたピュシス論はジープのコスモス倫理学のピュシス論と通底していると考えられる。

本書は日本語版序文にもあるように、アービッヒが自身の環境哲学を引っさげて実際の環境政策にかかわる直前の書物である。アービッヒはこの哲学でもってハンブルク市の実際の環境政策を担当したのであり、この哲学が九〇年代から政権を担当するようになった社会民主党の環境政策の根本で働いていると考えられる。しかし、アービッヒの環境哲学は世界を統一的全体として捉えるから、ホーリズムと呼んでさしつかえないであろう。定義の仕方にもよるが、そうであるならそれはディープ・エコロジーと考えられる。とするなら、アービッヒの環境哲学は現実的たりうるのか。［なぜなら、私はディープ・エコロジーは情緒的なある種の文化運動であり、政治的運動には向かないと考えているから。あるいはディープ・エコロジーはホーリズムの立場に立つので、危険きわまりない全体主義的傾向をもっていると考えられるから。］すなわち、ひとつの政治過程に沿って具体的な環境政策を実現していけるのか。私はこの点に疑問をもっていたので、日本語版序文にこの疑問についての解答を求めた。その答えが日本語版序文の2である。かならずしも私の問いの答えにはなっていないが、アービッヒ自身はこの答えを書くためにかなり悩んだと語っている。そのために日本語版への序文は長くなってしまった。

だがそのおかげで、日本語版序文のなかにはアービッヒの人間像（自然との関係における）およびそれに基づく人間の環境へのあるべき関係が明瞭な仕方で現れ出ている。ディープ・エコロジーでは一般に、自然を破壊してきた元凶である人間は、邪悪なものとして自然から排除される傾向が強い。人間なき自然こそ自然の本来のあり方だとされる。それにたいして、アービッヒは「世界が人間がいないときよりも人間とともにあるときにこそ真により美しくまたより善きものである」と考える。そしてそういう認識に立って、人間の「自然史への寄与」を説く。アービッヒにとって人間はけっして「自然外存在」ではなく、「自然とともにある存在」である。いやそれ以上に、人間はいわば自然の「現れ」あるいは「自然の駆動力」として、自然の目的実現に寄与すべき存在として位置づけられるのである。そしてアービッヒが人間の「自然史への寄与」のメルクマールとして考えていることが、まさしく「自然との和解」である。この和解を「公共的なもの」へと形成していくことが環境政治であろう。環境哲学の理念である「自然との和解」は実践され、現実化されなければならない。それが「自然史への人間的寄与」である。

環境先進国ドイツの環境政策の根底には、ハンス・ヨナスに始まり、ゲオルグ・ピヒト、アービッヒ、ジープと受け継がれていく実践的自然哲学派の哲学があると、私は考えている。もちろん、ドイツの環境哲学の幅はひろく、ジープがカント化された立場と考えているハーバーマスの討議倫理学や、トゥーゲントハットのような折衷主義が幅をきかせているが、ヴィルンバッヒャーのような功利主義者も活躍している。実践的自然哲学と功利主義は哲学的原理を異にしているから、まったく別物であると考えられるかもしれないが［実際そうなのであるが］、私は実践的自然哲学がもつ柔軟性によって、両者の現実的な形態はけっこう近いのではないかとも考えている。だが、いかなる哲学を環境政策の根拠として採用するかによって、環境政策の成否が決定されるということを見逃してはならない。なるほど採用される現実的な政策は同じでも、その政策がいかなる根拠からいかなる経路を経て生まれたのかが重要であろう。本文でも若干触れられているように、ドイツ社会民主党は実践的自然哲学をその環境政策の根拠のひとつとして採用している。民主主義的合意形成は、政党が理念を掲げてそのもとに合意形成をはかり、その合意が「公共的なもの」となるところにその本質があると私は考える。合意形成はそれぞれの意見のたんなる総和［共通意志］ではないのである。残念なことに、日本の政党にはこのような問題意識はない。いずれにせよ、ドイツ環境哲学のいっそうの研究が待たれる。私は本書がそうした研究の一助となることを強く願っている。

二〇〇五年一月一五日

山内廣隆

参考文献目録

Adorno, Theodor W.: Ästhetische Theorie. Frankfurt a. M. 1970, 574 S. (Gesammelte Schriften VII)

– s. Horkheimer, Max 1971

Aktionsprogramm Ökologie – Argumente und Forderungen für eine ökologisch ausgerichtete Umweltvorsorgepolitik (Vorsitz: H. Bick). Bonn 1983, 180 S. 505 Rdnn.

Altner, Günter: Schöpfung am Abgrund. Neukirchen-Vluyn 1974, 221 S.

– Leidenschaft für das Ganze – Zwischen Weltflucht und Machbarkeitswahn. Stuttgart/Berlin 1980, 246 S.

– Alternative Wissenschaft und Mystik. In: Klaus M. Meyer-Abich (Hg.): Physik, Philosophie und Politik – Festschrift für C. F. von Weizsäcker. München 1982, S. 430–439

– Für ein neues christliches Verhältnis zur Gesamtheit der Schöpfungswelt – Gegen eine zerstörerische Ausbeutung der Natur. In: Das Seufzen der Schöpfung – Christen Europas auf der Suche nach ihrer Verantwortung heute. Bericht der Studienkonsultation der Konferenz Europäischer Kirchen, Bukarest 1982. Genf 1982, Studienheft 14, S. 60–71

– Ökologisch orientierte Forschung. Öko-Mitteilungen 1/1983, 7–9

– Operation Erbsünde. Ev. Kommentare 17/3 (1984) 120

Alumets, J. et al.: Neuronal localisation of immunoreactive enkephalin and β-Endorphin in the earthworm. Nature 279 (1979) 805 f

Amery, Carl: Das Ende der Vorsehung – Die gnadenlosen Folgen des Christentums. Reinbek 1972, 255 S.

Anaximander: s. Diels-Kranz

Augustin, Aurelius: Bekenntnisse (Übers. W. Thimme). Zürich 1950, 467 S.

Backster, Cleve: Evidence of a primary perception in plant life. Intern. Journal of Parapsychology 10 (1968) 329–350

Bacon, Francis: Neues Organon der Wissenschaften (1620) (Übers. A. T. Brück). Darmstadt 1974, 242 S.

– Works (ed. J. Spedding/R. R. Ellis/D. D. Heath). London 1859

Bauerschmidt, Rolf: Kernenergie oder Sonnenenergie – Eine energiepolitische Weichenstellung. Vorbericht E 60 zum Forschungsprojekt »Die Sozialverträglichkeit verschiedener Energiesysteme«. Essen 1984, 279 S. (vervielfältigtes Manuskript. Buchveröffentlichung München 1985)

Bäumlin, Richard: Rechtsstaat. In: H. Kunst/S. Grundmann (Hg.): Ev. Staatslexikon. Stuttgart 1966, Sp. 1733–1743

Benjamin, Walter: Schriften in 2 Bdn. Frankfurt a. M. 1955

Benn, Gottfried: Briefe an F. W. Oelze. 3 Bde., Frankfurt 1979–1982, 479/361/398 S.

Bentham, Jeremy: Principles of penal law (1780). In: Works (ed. J. Bowring). New York 1962, Bd. I. 365ff
– An introduction to the principles of morals and legislation (1789). In: Works aaO. Bd. I. 1–154
Bick, Hartmut: s. Aktionsprogramm Ökologie
Bindemann, Walther: Die Hoffnung der Schöpfung – Römerf 8, 18–27 und die Frage einer Theologie der Befreiung von Mensch und Natur. Neukirchen-Vluyn 1983, 196 S.
Binswanger, Hans Christoph: Natur und Wirtschaft – Die Blindheit der ökonomischen Theorie gegenüber der Natur und ihrer Bedeutung im Wirtschaftsprozeß. In: Klaus M. Meyer-Abich (Hg.): Frieden mit der Natur. Freiburg 1979, S. 149–173
Birnbacher, Dieter (Hg.): Ökologie und Ethik. Stuttgart 1980, 252 S.
Bloch, Ernst: Das Prinzip Hoffnung. Frankfurt a. M. 1956, 1658 S.
Blumhardt, Christoph: Eine Auswahl aus seinen Predigten, Andachten und Schriften (Hg. R. Lejeune). 4 Bde., Zürich/Leipzig seit 1925
Bölsche, Jochen: Die deutsche Landschaft stirbt. Reinbek 1983, 333 S.
Bohne, Eberhard: s. Hartkopf, Günter/Bohne, Eberhard
Bohr, Niels: Das Quantenpostulat und die neuere Entwicklung der Atomistik (1927). In: Niels Bohr: Atomtheorie und Naturbeschreibung. Berlin 1931, S. 34–59
Bonner Arbeitskreis für Tierschutzrecht (U. M. Händel, J. Kölble, E. von Loeper, A. Lorz, H. Schultze-Petzold): Gesetzesentwurf zur Novellierung des Tierschutzgesetzes. Baden-Baden 1983, 57 S.
Bossel, Hartmut: Bürgerinitiativen entwerfen die Zukunft. Frankfurt a. M. 1978, 187 S.
Bruno, Giordano: Gedichte. In: Bruno Goetz: Italienische Gedichte. Zürich 1953
Buber, Martin: Die Erzählungen der Chassidim. Zürich 1949, 564 S.
Bundesregierung: Pflanzenschutzgesetz – Gesetzentwurf der Bundesregierung. Bundesratsdrucksache 355/83 vom 26. August 1983, 33 S.
Bundesverfassungsgericht: Urteil vom 29. Mai 1973 zum Vorschaltgesetz für ein Niedersächsisches Gesamthochschulgesetz. Entscheidungen des Bundesverfassungsgerichts 35 (1973) 79ff
– Urteil vom 1. März 1978 zum Hessischen Universitätsgesetz von 1974. Entscheidungen des Bundesverfassungsgerichts 47 (1978) 327ff
– Urteil vom 20. Juni 1978. Entscheidungen des Bundesverfassungsgerichts 48 (1979) 376–393
Burckhardt, Lucius: Bundesgartenschau, ein Stück Showbusiness – Gartenkunst wohin? In: M. Andritzky/K. Spitzer (Hg.): Grün in der Stadt. Reinbek 1981, S. 97–103, 256–264
Capek, Karel: Der Krieg mit den Molchen (1964). Frankfurt/Berlin/Wien 1970, 187 S.
Clarke, Arthur C.: The city and the stars. London 1956, 255 S.

Commoner, Barry: The closing circle – Confronting the environmental crisis. London 1971, 336 S.
Corbett, P.: Postscript to S. R. Godlovitch/J. Harris (Hg.): Animals, men and morals. London 1971, S. 232–238
Dahl, Jürgen: Der unbegreifliche Garten und seine Verwüstung – Über Ökologie und über Ökologie hinaus. Stuttgart 1984, 226 S.
Denninger, Erhard: s. Sachverständigenkommission »Staatszielbestimmungen/Gesetzgebungsaufträge«
Descartes, René: Meditationen über die erste Philosophie (1641). Hamburg 1956, 166 S.
Deutscher Bundestag: Bericht der Enquête-Kommission »Zukünftige Kernenergie-Politik«. BT-Drucksache 8/4341. Bonn 27. Juni 1980, 200 S.
– Zwischenbericht und Empfehlungen der Enquête-Kommission »Zukünftige Kernenergie-Politik«. BT-Drucksache 9/2001. Bonn 27. September 1982, 62 S.
Dickler, Robert: Kapitalkostenentwicklung und die Sozialverträglichkeit von Energiesystemen. Vorbericht F 28 zum Forschungsprojekt »Die Sozialverträglichkeit verschiedener Energiesysteme«. Frankfurt a. M. 1984, 170 S.
Diels, Hermann/Kranz, Walther: Die Fragmente der Vorsokratiker. 3 Bde., Berlin 1951
Dilthey, Wilhelm: Gesammelte Schriften. Leipzig/Stuttgart seit 1923
Dowe, Dieter/Klotzbach, Kurt (Hg.): Programmatische Dokumente der deutschen Sozialdemokratie. Berlin/Bonn 1984, 511 S.
Drewermann, Eugen: Der tödliche Forschritt – Von der Zerstörung der Erde und des Menschen im Erbe des Christentums. Regensburg 1981, ³1983, 220 S.
Engels, Friedrich: s. Marx, Karl/Engels, Friedrich
Eppler, Erhard: Die Qualität des Lebens. In: Qualität des Lebens. Beiträge zur 4. Intern. Arbeitstagung der IG Metall für die BRD, 11.–14. April 1972 in Oberhausen. Frankfurt a. M. 1973, S. 86–101
– Ende oder Wende. Reinbek 1975, 128 S.
– Wege aus der Gefahr. Reinbek 1981, 240 S.
– (Hg.): Grundwerte für ein neues Godesberger Programm – Die Texte der Grundwerte-Kommission der SPD. Reinbek 1984, 201 S.
Erdmann, Zeyde-Margreth: Psychodrama. Düsseldorf/Köln 1975, 196 S.
– Unmittelbar im leeren Raum – Ein Beitrag zur Bedürfnis-Bildung. In: K. M. Meyer-Abich/D. Birnbacher (Hg.): Was braucht der Mensch, um glücklich zu sein. München 1979, S. 111–122
Eser, Albin: Ökologisches Recht. In: H. Markl (Hg.): Natur und Geschichte. München 1983, S. 349–396
Europäische Gemeinschaft: Einstellungen der Europäischen Bevölkerung zu wissenschaftlichen und technischen Entwicklungen. Brüssel Februar 1979 (XII/201/79-DE)
Fechner, Gustav Theodor: Nanna oder Über das Seelenleben der Pflanzen (1848). Hamburg/Leipzig ²1899, 300 S.
Feinberg, Joel: The rights of animals and unborn generations. In: W. T. Blackstone

(Hg.): Philosophy and environmental crisis. Athens Ga. 1974. Deutsche Übersetzung bei Birnbacher aaO S. 140–179
Fetscher, Iring: Konservative Reflexionen eines Nicht-Konservativen. Merkur 27 (1973) 911–919. Nachdruck in I. Fetscher (Hg.): Neokonservative und ›Neue Rechte‹. München 1983, S. 11–20
– Überlebensbedingungen der Menschheit – Zur Dialektik des Fortschritts. München 1980, 215 S.
– Ökologie und Demokratie – Ein Problem der »politischen Kultur«. In: Klaus M. Meyer-Abich (Hg.): Physik, Philosophie und Politik – Festschrift für C. F. von Weizsäcker, München 1982 (a), S. 89–105
– Ethik und Naturbeherrschung. In: Wolfgang Kuhlmann/Dietrich Böhler (Hg.): Kommunikation und Reflexion – Zur Diskussion der Transzendentalpragmatik. Antworten auf Karl Otto Apel. Frankfurt a. M. 1982 (b), S. 764–776
Fischerhof, H.: Deutsches Atomgesetz und Strahlenschutzrecht. Baden-Baden ²1978, 1069 S.
Forschungsgruppe Schneller Brüter (FGSB): Risikoorientierte Analyse zum SNR 300. 2 Bde. München/Heidelberg 1982 (vervielfältigtes Manuskript). Kurzfassung: R. Kollert/R. Donderer/B. Franke (Hg.): Kalkar-Report – Der Schnelle Brüter: Unwägbares Risiko mit militärischen Gefahren? Frankfurt a. M. 1983, 154 S.
Forrester, Jay F.: World Dynamics. Cambridge Ma. 1971, 142 S.
Forsthoff, Ernst: Der Staat der Industriegesellschaft. München ²1971, 169 S.
– Absolutismus. In: H. Kunst/S. Grundmann (Hg.): Ev. Staatslexikon. Stuttgart 1966, Sp. 14–17
Fourier, Charles: Theorie der vier Bewegungen und der allgemeinen Bestimmungen. Frankfurt 1966, 387 S.
Frankena, W. K.: Ethics and the environment. In: K. E. Goodpaster/K. M. Sayre (Hg.): Ethics and problems of the 21st century. Notre Dame/London 1979, S. 3–20
Franklin, Benjamin: Autobiographie. München 1983, 271 S.
Frey, Bruno S.: Umweltökonomie. Göttingen 1972, 142 S.
Friedmann, Georges: Der Mensch in der mechanisierten Produktion. Köln 1952, 411 S.
Gaiser, Konrad: Platons ungeschriebene Lehre. Stuttgart 1963, 574 S.
Gesellschaft für Reaktorsicherheit (GRS): Risikoorientierte Analyse zum SNR 300. 2 Bde. München 1982 (vervielfältigtes Manuskript)
Goethe, Johann Wolfgang von: Werke. Hamburger Ausgabe in 14 Bänden (Hg. Erich Trunz). München ¹⁰1981
Gorz, André: Wege ins Paradies – Thesen zur Krise, Automation und Zukunft der Arbeit. Berlin 1983, 157 S.
Gruhl, Herbert: Ein Planet wird geplündert – Die Schreckensbilanz unserer Politik. Frankfurt a. M. 1975, 376 S.
Guggenberger, Bernd: Bürgerinitiativen in der Parteiendemokratie Stuttgart u. a. O. 1980, 206 S.

Grießinger, A.: Das symbolische Kapital der Ehre – Streikbewegungen und kollektives Bewußtsein deutscher Handwerksgesellen im 18. Jahrhundert. Berlin 1981, 553 S.
Häberle, Peter: Grundrechte im Leistungsstaat. Veröffentlichungen der Vereinigung der deutschen Staatsrechtslehrer (VVDStRL) 30 (1972) 43–141
Habermas, Jürgen: Erkenntnis und Interesse. Frankfurt a. M. 1973, 420 S.
Hahn, Otto/Straßmann, Fritz: Über den Nachweis und das Verhalten der bei der Bestrahlung des Urans mittels Neutronen entstehenden Erdalkalimetalle. Naturwissenschaften 27 (1939) 11–15
Haldane, J. S.: Die philosophischen Grundlagen der Biologie. Berlin 1932, 72 S.
Hall, E. T.: Die Sprache des Raumes. Düsseldorf 1976, 190 S.
Hartkopf, Günter/Bohne, Eberhard: Umweltpolitik – Grundlagen, Analysen und Perspektiven. Bd. I Opladen 1983, 478 S.
Hartkopf, Günter: Interview im Norddeutschen Rundfunk am 5. 4. 1983
Hasenclever, Wolf-Dieter und Connie: Grüne Zeiten – Politik für eine lebenswerte Zukunft. München 1982, 236 S.
Heidegger, Martin: Vorträge und Aufsätze. 3 Bde., Pfullingen 1954
Held, Martin: Energiepolitik in Zeiten starken Wertwandels. Vorbericht E 61 zum Forschungsprojekt »Die Sozialverträglichkeit verschiedener Energiesysteme«. Essen 1984 (vervielfältigtes Manuskript. Buchveröffentlichung 1985)
Helmholtz, Hermann von: Über das Ziel und die Fortschritte der Naturwissenschaft – Eröffnungsrede für die Naturforscherversammlung zu Innsbruck (1869). In: H. von Helmholtz: Populäre wissenschaftliche Vorträge. 2. Heft. Braunschweig 1871, S. 181–211
Heraklit: s. Diels-Kranz
Herzfeld, Frank: Neue Zielsetzungen in der Landwirtschaft – Herbizidresistenz in Kulturpflanzen. Beitrag zur Arbeit der Studiengruppe »Gesellschaftliche Folgen neuer Biotechniken« der Vereinigung Deutscher Wissenschaftler (VDW) in Verbindung mit der Ev. Akademie Hofgeismar. Hofgeismar 1984, 9 S.
Hesiod: Sämtliche Werke, dt. von Thassilo von Scheffer (Hg. E. G. Schmidt). Bremen ²1965, 184 S.
Heuß, Theodor: Rede bei der Verleihung des Friedenspreises des deutschen Buchhandels an Albert Schweitzer am 16. September 1951. In: Ehrfurcht vor dem Leben – Albert Schweitzer. Eine Freundesgabe zum 80. Geburtstag. Bern 1955, S. 194–199
Höffe, Otfried: Ethik und Politik. Frankfurt a. M. 1979, 489 S.
– Sittlich-politische Diskurse. Frankfurt a. M. 1981, 289 S.
Hölderlin: Werke (Hg. Hellingrath/Seebass/Pignot). Berlin 1923
Horkheimer, Max: Notizen 1950–1969 und Dämmerung – Notizen in Deutschland. Frankfurt a. M. 1974, 360 S.
Horkheimer, Max/Adorno, Theodor W.: Dialektik der Aufklärung – Philosophische Fragmente. Frankfurt a. M. 1971, 230 S.
Huxley, Andrew: Anniversary address by the president. Supplement to Royal Society News 2/6 (1983) I–VII

Jäckel, Eberhard: Hitlers Weltanschauung. Stuttgart 1981, 175 S.
Jacobi, Friedrich Heinrich: Werke (Hg. F. Roth und F. Köppen). 5 Bde., Darmstadt 1980
Jaeger, Werner: Paideia. 3 Bde., Berlin 1954
Jänicke, Martin: Wie das Industriesystem von seinen Mißständen profitiert – Kosten und Nutzen technokratischer Symptombekämpfung: Umweltschutz, Gesundheitswesen, innere Sicherheit. Opladen 1979, 129 S.
Illich, Ivan: Selbstbegrenzung – Eine politische Kritik der Technik. Reinbek 1975, 190 S.
Imhoff, K.: Der Ruhrverband. Essen ²1928, 25 S.
Inglehart, R.: The silent revolution. Princeton 1977, 482 S.
Jonas, Hans: Das Prinzip Verantwortung. Frankfurt a. M. 1979, 426 S.
Kant, Immanuel: Werke in 6 Bänden (Hg. W. Weischedel). Darmstadt 1960. Zitate sind jeweils sowohl nach der Erstauflage (A) bzw. Zweitauflage (B) als auch nach dieser Ausgabe zitiert. KrV = Kritik der reinen Vernunft, KpV = Kritik der praktischen Vernunft
Kapp, Karl William: The social costs of private enterprise. Cambridge Ma. 1950. Übers.: Volkswirtschaftliche Kosten der Privatwirtschaft. Tübingen 1958, 228 S.
Karmel, Ilona: An estate of memory. Boston 1969, 444 S.
Kästner, Erhart: Aufstand der Dinge. Frankfurt a. M. 1982, 355 S.
Kelsen, Hans: Vergeltung und Kausalität – Eine soziologische Untersuchung. Den Haag 1941, 542 S.
Kerlen, Eberhard: Zu den Füßen Gottes – Untersuchungen zur Predigt Christoph Blumhardts. München 1981, 192 S.
Kessel, Hans: Stand und Veränderung des Umweltbewußtseins in der BRD, England und den USA. Bericht aus einem laufenden Forschungsprojekt IIUG/dp 83–9. Wissenschaftszentrum Berlin 1983, 60 S.
Kimminich, Otto: Verwaltung und Verwaltungsrecht im Dienste des Umweltschutzes. Bay. VBl 1979, S. 523 ff.
Klipstein, Michael von/Strümpel, Burkhard: Der Überdruß am Überfluß – Die Deutschen nach dem Wirtschaftswunder. München 1984, 212 S.
Kloepfer, Michael: Staatsaufgabe Umweltschutz, DVBl 1979, S. 639 ff.
Klose, H.: Fünfzig Jahre staatlicher Naturschutz. Gießen 1957, 64 S.
Koch, Egmont R./Vahrenholt, Fritz: Die Lage der Nation. Umwelt-Atlas der Bundesrepublik – Daten, Analysen, Konsequenzen. Hamburg 1983, 464 S.
Kölble, Josef: Gewässerschutz in der Gesetzgebung. Eine systematische Bestandsaufnahme. Schriftenreihe der Vereinigung Deutscher Gewässerschutz, Bd. 44. Bonn 1982
Kriele, Martin: Einführung in die Staatslehre – Die geschichtlichen Legitimitätsgrundlagen des demokratischen Verfassungsstaates. Reinbek 1975, 352 S.
Krolzik, Udo: Umweltkrise – Folge des Christentums? Stuttgart/Berlin 1979, 125 S.
Kunert, Günter: Unterwegs nach Utopia. München 1977, 99 S.

Landzettel, Wilhelm: Wege und Orte – Landschaft und Siedlung in Hessen. Wiesbaden 1977, 122 S.
– Häuser und Straßen – Dorfentwicklung in Hessen. Wiesbaden 1979, 150 S.
Laplace, Pierre-Simon de: Essai philosophique sur les probabilités (1814). 2 Bde., Paris 1921, 103/108 S.
Leibholz, G./Rinck, H. J./Hesselberger, D.: Grundgesetz für die Bundesrepublik Deutschland – Kommentar an Hand der Rechtsprechung des Bundesverfassungsgerichts. Köln [6]1979 ff
Lenau, Nikolaus: Sämtliche Werke und Briefe in 2 Bänden. Frankfurt a. M. 1971
Lengyel, Stefan: Design dient dem Menschen. In: Rat für Formgebung (Hg.): Arbeitsplatz Haushalt. Darmstadt 1979, S. 117–120
Levy, Marion: Modernization – Latecomers and survivors. New York/London 1972, 160 S.
Liedke, Gerhard: Von der Ausbeutung zur Kooperation – Theologisch-philosophische Überlegungen zum Problem des Umweltschutzes. In: E. U. von Weizsäcker (Hg.): Humanökologie und Umweltschutz. Stuttgart 1972, S. 36–65
– Im Bauch des Fisches – Ökologische Theologie. Stuttgart 1979, 238 S.
– Glaube und Ökologie. Mitteilungen der Ev. Landeskirche in Baden 2/1984, S. 4–7
Locke, John: Two treatises of government (1690). Teil II. Übers. über die Regierung (Hg. P. C. Mayer-Tasch). Reinbek 1966, 248 S.
Loeper, Eisenhart von: Tierrechte und Menschenpflichten. In: Ursula M. Händel (Hg.): Tierschutz – Testfall unserer Menschlichkeit, Frankfurt a. M. 1984
Long, William L.: Friedliche Wildnis (1923), mit einem Geleitwort von Adolf Meyer-Abich. Berlin 1959, 375 S.
Lorenz, Konrad: Das sogenannte Böse – Zur Naturgeschichte der Aggression. Wien 1963, 392 S.
Lorz, Albert: Tierschutzgesetz – Kommentar. München [2]1979, 341 S.
Malthus, Thomas Robert: Das Bevölkerungsgesetz (1798). München 1977, 218 S.
Mangoldt, Hermann von: Das Bonner Grundgesetz. Berlin/Frankfurt a. M. 1953, 702 S.
Marcuse, Herbert: Konterrevolution und Revolte. Frankfurt a. M. 1972, 154 S.
Maren-Grisebach, Manon: Philosophie der Grünen. München 1982, 134 S.
Marx, Karl/Engels, Friedrich: Marx-Engels-Werke (MEW) in 41 Bänden. Berlin 1973. EB = Ergänzungsband
Maurach, Reinhard: Deutsches Strafrecht – Besonderer Teil. Karlsruhe [5]1969, 816 S.
Maurer, Reinhart: Ökologische Ethik? Allg. Zeitschrift für Philosophie 7 (1982) 17–39
Mayer-Tasch, Peter Cornelius: Die Bürgerinitiativbewegung – Der aktive Bürger als rechts- und politikwissenschaftliches Problem. Reinbek 1976, 184 S.
– Umweltrecht im Wandel. Opladen 1978, 161 S.
Meadows, Dennis und Donella/Randers, J./Behrens, W.: The limits to growth. New York 1972, 205 S.

Meixner, Horst: Langfristige Energiestrategien und Wirtschaftspolitik. Vorbericht F 31 zum Forschungsprojekt »Die Sozialverträglichkeit verschiedener Energiesysteme«. Frankfurt a. M. 1984 (Vervielfältigtes Manuskript)
Merten, D.: Der Inhalt des Freizügigkeitsrechts. Berlin 1970, 137 S.
Mesarovic, Mihailo/Pestel, Eduard: Menschheit am Wendepunkt – 2. Bericht an den Club of Rome zur Weltlage. Stuttgart 1974, 183 S.
Meyer-Abich, Adolf: Ideen und Ideale der biologischen Erkenntnis – Beiträge zur Theorie und Geschichte der biologischen Ideologien. Leipzig 1934, 202 S.
– Naturphilosophie auf neuen Wegen. Stuttgart 1948, 396 S.
– Zur Logik der Unbestimmtheitsbeziehungen. In W. Heinrich (Hg.): Die Ganzheit in Philosophie und Wissenschaft – Othmar Spann zum 70. Geburtstag. Wien 1950, S. 47–76
– Geistesgeschichtliche Grundlagen der Biologie. Stuttgart 1963, 322 S.
Meyer-Abich, Klaus M.: Zum Begriff einer Praktischen Philosophie der Natur. In: Meyer-Abich, Klaus M. (Hg.): Frieden mit der Natur. Freiburg 1979(a), S. 237–261
– Kritik und Bildung der Bedürfnisse. In: Meyer-Abich, Klaus M./Birnbacher, Dieter (Hg.): Was braucht der Mensch, um glücklich zu sein – Bedürfnisforschung und Konsumkritik. München 1979(b), S. 58–77
Meyer-Abich, Klaus M./Schefold, Bertram: Wie möchten wir in Zukunft leben – Der ›harte‹ und der ›sanfte‹ Weg. München 1981, 239 S.
Meyer-Abich, Klaus M.: Geschichte der Natur, in praktischer Absicht. In: Rudolph, Enno/Stöve, Eckehart: Geschichtsbewußtsein und Rationalität – Zum Problem der Geschichtlichkeit in der Theoriebildung. Stuttgart 1982, S. 105–175
– Grundrechtsschutz – Die rechtspolitische Tragweite der Konfliktträchtigkeit technischer Entwicklungen für Staat und Wissenschaft. Zeitschrift für Rechtspolitik 17/2 (1984) 40–45
Mittelstraß, Jürgen: Wissenschaft als Lebensform. Frankfurt a. M. 1982, 234 S.
Mohl, Robert von: Über die Nachtheile, welche sowohl den Arbeitern selbst als dem Wohlstande und der Sicherheit der gesamten bürgerlichen Gesellschaft von dem fabrikmäßigen Betriebe der Industrie zugehen, und über die Nothwendigkeit gründlicher Vorbeugungsmittel. Archiv für politische Ökonomie und Polizeiwissenschaften 2 (1835) 141–203
Montaigne, Michel de: Die Essais (Hg. A. Franz). Leipzig 1953, 404 S.
Müller, Adam: Streit zwischen Glück und Industrie. In: Adam Müller Nationalökonomische Schriften (Hg. A. J. Klein). Lörrach 1983, 490 S., S. 283 bis 286
– Die Elemente der Staatskunst (Hg. J. Baxa). 2 Bde. Wien/Leipzig 1922, 475/606 S.
Müller, Werner/Stoy, Bernd: Entkopplung – Wirtschaftswachstum ohne mehr Energie? Stuttgart 1978, 232 S.
Müller-Armack, A.: Wirtschaftslenkung und Wirtschaftspolitik. Freiburg 1966, 472 S.

Nelson, Leonard: Gesammelte Schriften in 9 Bänden. Bd. V: System der philosophischen Ethik und Pädagogik. Hamburg ³1970.
Neumann, Volker: Der harte Weg zum sanften Ziel – Ernst Forsthoffs Rechts- und Staatstheorie als Paradigma konservativer Technikkritik. In: Roßnagel, Alexander 1984 (a)
Nietzsche, Friedrich: Sämtliche Werke (Hg. G. Colli/M. Montinari). Kritische Studienausgabe (KSA) in 15 Bdn. München 1980
Novalis: Werke, Tagebücher und Briefe Friedrich von Hardenbergs (Hg. H.-J. Mähl/R. Samuel). 2 Bde. München 1978
Olson, Mancur: Die Logik des kollektiven Handelns. Tübingen 1968, 181 S.
Ortega y Gasset, José: Obras Completas. 6 Bde. Madrid 1947
Pascal, Blaise: Pensées (Übers. E. Wasmuth). Heidelberg 1946, 538 S.
Passmore, John: Man's responsibility for nature. London 1974, 213 S. (S. 173–195 übers. in Birnbacher, D. aaO), 1980
Patzig, Günther: Ökologische Ethik – innerhalb der Grenzen bloßer Vernunft. Göttingen 1983, 23 S.
Pestel, Eduard: s. Mesarovic, M.
Peters, Hans: Geschichtliche Entwicklung und Grundfragen der Verfassung. Berlin/Heidelberg/New York 1969, 314 S.
Picht, Georg: Mut zur Utopie – Die großen Zukunftsaufgaben. München 1969, 154 S.
– Die Wertordnung einer humanen Umwelt. Merkur 28/8 (1974) 707–714
– Der Begriff der Natur und seine Geschichte. Vorlesungsmanuskript Heidelberg 1973/1974, 373/285 S.
Platon: Werke in 8 Bänden, griechisch und deutsch (Hg. G. Eigler). Darmstadt 1970–1983
Plutarch: Große Griechen und Römer. Band III: Marcellus. München 1980, S. 302–344
Raabe, Wilhelm: Sämtliche Werke (Hg K. Hoppe). 20 Bde. Göttingen 1961 ff
Rad, Gerhard von: Weisheit in Israel. Neukirchen-Vluyn 1970, 427 S.
Rauschning, Dietrich: Staatsaufgabe Umweltschutz. Veröffentlichungen der Vereinigung Deutscher Staatsrechtslehrer (VVDStRL) 38 (1980) 167 ff
Rehbinder, Eckard: Ökologisches und juristisches Denken im Umweltschutz. Hestia 1978/79, S. 83–107
Rendtorff, Rolf: Das Alte Testament – Eine Einführung. Neukirchen-Vluyn 1983, 323 S.
Riehl, Wilhelm Heinrich: Land und Leute. Stuttgart 1861, 464 S.
Ritter, Johann Wilhelm: Fragmente aus dem Nachlasse eines jungen Physikers (1810). Mit einem Nachwort von H. Schipperges. Heidelberg 1969, 228/269/50 S.
Röhring, Klaus: Der heilende Blick – Von der Befähigung, die ökologische Partitur des Planeten zu lesen. In: Klaus M. Meyer-Abich (Hg.): Frieden mit der Natur. Freiburg 1979 (a), S. 39–58
– . . . siehe, es war sehr gut. Die Rekonstruktion des Paradieses in Bildern von Ph.

O. Runge und C. D. Friedrich. Freiburg/Gelnhausen 1979(b), 71 S./14 Diapositive
Rolston, Holmes III: Is there an ecological ethic? Ethics 85 (1975) 93–109
Rosenstiel, Lutz von: Wandel der Karrierevorstellungen. UNI-Berufswahlmagazin 3/1983 (Bericht bei Klipstein/Strümpel 1984, 29f/204)
Roßnagel, Alexander: Energiepolitik und die Zukunft des Rechtsstaats. Scheidewege 12 (1982) 251–282
– Bedroht die Kernenergie unsere Freiheit – Das künftige Sicherungssystem kerntechnischer Anlagen. München 1983, 317 S.
– (Hg.): Recht und Technik im Spannungsfeld der Kernenergiekontroverse. Opladen 1984 (a), 262 S.
– Radioaktiver Zerfall der Grundrechte? Zur Verfassungsverträglichkeit der Kernenergie. München 1984 (b)
Rousseau, Jean-Jacques: Über den Ursprung und die Grundlagen der Ungleichheit unter den Menschen (1755). Berlin 1955, 177 S.
Rudorff, Ernst: Heimatschutz. Leipzig/Berlin 1901, 112 S.
Sachverständigenkommission »Staatszielbestimmungen/Gesetzgebungsaufträge« (Vorsitz: E. Denninger): Bericht. Bonn 1983, 139 S./230 Randziffern
Saladin, Peter: Verantwortung als Staatsprinzip. Bern 1984
Salin, Edgar: Politische Ökonomie – Geschichte der wirtschaftspolitischen Ideen von Platon bis zur Gegenwart. Tübingen/Zürich 1967, 205 S.
Salt, Henry S.: Die Rechte der Tiere (1892). Berlin 1907, 105 S.
Samuelson, Paul A.: Economics. New York [8]1970, 868 S. ([9]1973)
Sartori, Paul: Sitte und Brauch. Leipzig 1911
Schadewaldt, Wolfgang: Die Anfänge der Philosophie bei den Griechen – Die Vorsokratiker und ihre Voraussetzungen (Tübinger Vorlesungen Bd. 1). Frankfurt a. M. 1978, 521 S.
Scheel, Walter: Verantwortung der Wissenschaft für die Zukunft der Menschheit. Bulletin des Presse- und Informationsamtes der Bundesregierung 91 (23. September 1977) 837–840
Schefold, Bertram: s. Meyer-Abich/Schefold 1981
Schelling, Friedrich Wilhelm Joseph: Werke (Hg. Manfred Schröter, Münchener Jubiläumsdruck). 12 Bde. München 1927–1959
Scheuner, Ulrich: Die neuere Entwicklung des Rechtsstaats in Deutschland. In: Hundert Jahre Deutsches Rechtsleben. Festschrift zum Deutschen Juristentag. Karlsruhe 1960, Bd. II. 229–262
Schloemann, Martin: Luthers Apfelbäumchen. Wuppertal 1976, 24 S. (Wuppertaler Hochschulreden 7)
Schmoller, Gustav: Grundriß der Allgemeinen Volkswirtschaftslehre (1900). 2 Bde., München/Leipzig 1920, 560/833 S.
Schoenichen, Walther: Naturschutz, Heimatschutz – Ihre Begründung durch Ernst Rudorff, Hugo Conwentz und ihre Vorläufer. Stuttgart 1954, 311 S.
Schopenhauer, Arthur: Preisschrift über die Grundlage der Moral (1840). Sämtliche Werke (Hg. Frauenstädt/Hübscher) IV. 2, 103–275

Schumpeter, Joseph A.: Capitalism, socialism and democracy. London 1976, 437 S.
Schramm, Engelbert (Hg.): Ökologie-Lesebuch – Ausgewählte Texte zur Entwicklung ökologischen Denkens. Frankfurt a. M. 1984, 284 S.
Schweitzer, Albert: Gesammelte Werke in 5 Bänden. München 1974
Seattle: Wir sind ein Teil der Erde (1855). Olten 1982, 38 S.
Seifert, Alwin: Im Zeitalter des Lebendigen – Natur, Heimat, Technik. Planegg 1941, 207 S.
Sieferle, Rolf Peter: Der unterirdische Wald – Energiekrise und industrielle Revolution. München 1982, 284 S.
– Fortschrittsfeinde? Opposition gegen Technik und Industrie von der Romantik bis zur Gegenwart. München 1984. Zitiert nach dem Vorbericht E 63 zum Forschungsprojekt »Die Sozialverträglichkeit verschiedener Energiesysteme«. Essen 1984, 327 S. (vervielfältigtes Manuskript)
Singer, Peter: Animal liberation (1975). New York 1977, 297 S.
Sitter, Beat: Plädoyer für das Naturrechtsdenken – Zur Anerkennung von Eigenrechten der Natur. Beihefte zur Zeitschrift für Schweizerisches Recht, Heft 3. Basel 1984, 57 S.
Smith, Adam: The theory of moral sentiments (1759). Übers.: Theorie der ethischen Gefühle (Hg. W. Eckstein). Leipzig 1926, 618 S.
– An inquiry into the nature and causes of the wealth of nations (1776). Übers.: Der Wohlstand der Nationen – Eine Untersuchung seiner Natur und seiner Ursachen (Hg. H. C. Recktenwald). München 1978, 855 S.
Smuts, Jan Christiaan: Holism and evolution. London 1927, 368 S.
Spaemann, Robert: Die christliche Religion und das Ende des modernen Bewußtseins. Intern. Kathol. Zeitschrift Communio 8/3 (1979) 251–270
– Technische Eingriffe in die Natur als Problem der politischen Ethik. Scheidewege 9 (1979) 476–497
Specht, Rainer: René Descartes in Selbstzeugnissen und Bildnisdokumenten. Reinbek 1966, 185 S.
– Innovation und Folgelast – Beispiele aus der neueren Philosophie- und Wissenschaftsgeschichte. Stuttgart 1972, 237 S.
Spengler, Oswald: Der Mensch und die Technik. Beiträge zu einer Philosophie des Lebens. München 1931, 89 S.
Spiethoff, Arthur: Die allgemeine Volkswirtschaftslehre als geschichtliche Theorie – Die Wirtschaftsstile. Schmollers Jahrbuch 1932, S. 891–924 (Festschrift für Werner Sombart)
Steck, Odil Hannes: Welt und Umwelt. Stuttgart u. a. O. 1978, 235 S.
Steffens, Henrich, Anthropologie. 2 Bde. Breslau 1822, 476/459 S.
Steiger, Heinhard: Mensch und Umwelt – Zur Frage der Einführung eines Umweltgrundrechts. Berlin 1975, 93 S.
Stone, Christopher D.: Should trees have standing? Toward legal rights for natural objects (1972). Los Altos 1974, 103 S.
Ströker, Elisabeth: Philosophische Untersuchungen zum Raum. Frankfurt a. M.

1965, 366 S.
Strümpel, Burkhard: s. Klipstein/Strümpel 1984
Sturm, Hermann: Ästhetik und Umwelt. In: H. Sturm (Hg.): Ästhetik und Umwelt. Tübingen 1979, S. 77–95
Szekely, Edmond Bordeaux: The teachings of the Essenes from Enoch to the Dead Sea Scrolls. London 1978
Taylor, Frederick Winslow: Die Grundsätze wissenschaftlicher Betriebsführung (1913). Weinheim/Basel 1977, 156 S.
Taylor, Thomas: A vindication of the rights of brutes (1792). Gainesville, Florida 1966, 103 S.
Teutsch, Gotthard M.: Tierversuche und Tierschutz. München 1983, 164 S.
Tompkins, Peter/Bird, Christopher: Das geheime Leben der Pflanzen – Pflanzen als Lebewesen mit Charakter und Seele und ihre Reaktionen in den physischen und emotionalen Beziehungen zum Menschen. Bern/München 1975, 240 S.
Tribe, L. H.: Ways not to think about plastic trees. In: Tribe/Schelling/Voss (Hg.): When values conflict. 1976, 61–91. Übers. in Birnbacher, D. 1980, S. 20–71
Tschuang-Tse: Reden und Gleichnisse (Hg. Martin Buber). Zürich 1951, 243 S.
Tüxen, R.: Die Lüneburger Heide – Ihr Werden und Vergehen. Ber. Intern. Symp. d. Intern. Vereins f. Vegetationskunde 1961 (1966) 379–395
Ueberhorst, Reinhard: Planungsstudie zur Gestaltung von Prüf- und Bürgerbeteiligungsprozessen im Zusammenhang mit nuklearen Großprojekten am Beispiel der Wiederaufarbeitungstechnologie (im Auftrag der Hessischen Landesregierung; unter Mitarbeit von L. Backhaus/R. Bauerschmidt/P. Jansen). Wiesbaden 1983, 288 S.
– Normativer Diskurs und technologische Entwicklung – Juristische Fiktionen und Noch-nicht-Beiträge. In: A. Roßnagel 1984 (a), S. 244–258
Uexküll, Jakob von: Die Umrisse einer kommenden Weltanschauung. Die Neue Rundschau 18 (1907) 641–661
– Umwelt und Innenwelt der Tiere. Berlin ²1921, 224 S.
Uexküll, Jakob von/Kriszat, Georg: Streifzüge durch die Umwelten von Tieren und Menschen (1934). Hamburg 1956, 101 S.
Ule, Carl Hermann/Laubinger, Hans Werner: Bundesimmissionsschutzgesetz – Kommentar/Rechtsvorschriften Teil 1. Neuwied/Darmstadt 1978, 19. Lieferung 1983
Ullrich, Otto: Technik und Herrschaft – Vom Hand-Werk zur verdinglichten Blockstruktur industrieller Produktion. Frankfurt a. M. 1979, 484 S.
Umweltschutzgesetze, hg. H. Gerold. München 1980, 401 S.
Vahrenholt, Fritz: s. Koch, Egmont R.
Weber, Max: Wissenschaft als Beruf (1919). In: Gesammelte Aufsätze zur Wissenschaftslehre. Tübingen ³1968, S. 582–613
Weizsäcker, Carl Friedrich von: Zum Weltbild der Physik. Stuttgart ⁸1960, 378 S.
– Die Tragweite der Wissenschaft. Stuttgart 1964, 243 S.
– Die Einheit der Natur. München 1971, 491 S.

– Der bedrohte Friede – politische Aufsätze 1945–1981. München 1981, 648 S.

Westermann, Claus: Bebauen und Bewahren. In: H. Aichelin/G. Liedke: Naturwissenschaft und Theologie. Neukirchen-Vluyn [2]1974, S. 203–213

White, Lynn: The historical roots of our ecologic crisis. Science 155 (1967) 1203–1207

Wicke, Lutz: Umweltökonomie. München 1982, 422 S.

Zilsel, Edgar: Die sozialen Ursprünge der neuzeitlichen Wissenschaft (1942) (Hg. W. Krohn). Frankfurt a. M. 1976, 279 S.

Zink, Jörg: Kostbare Erde – Biblische Reden über unseren Umgang mit der Schöpfung. Stuttgart/Berlin 1981, 206 S.

著者略歴

(Klaus Michael Meyer-Abich)

1936年ハンブルク生まれ．哲学博士．1972年から2001年までエッセン大学で自然哲学を講じ，現在はエッセン大学名誉教授．1964-1969年，ハンブルク大学でカール・フリードリッヒ・フォン・ヴァイツゼッカーの研究協力者．1970-1972年，マックス・プランク研究所にて研究．1976-1981年，ドイツ研究者連盟（VDW）会長．1979-1982年，ドイツ連邦議会「将来の核エネルギー政策」審議会委員．1984-1987年，ハンブルク市の「科学と研究」のための大臣．1987-1994年，ドイツ連邦議会「大気圏保護」審議会委員．1989-1996年，ノルトライン・ヴェストファーレン州科学センターの文化学研究所で「自然の文化史」研究のリーダーとして，このプロジェクトを指導．専門領域は，実践的自然哲学，自然の文化史．

最近の著作 『未来のための学問――生態学的かつ社会的責任における全体論的思惟』(Wissenschaft für die Zukunft—Holistisches Denken in ökologischer und gesellschaftlicher Verantwortung, München, Beck, 1988)，『自然のための蜂起――環境から共世界へ』(Aufstand für die Natur—Von der Umwelt zur Mitwelt, München, Hanser, 1990)，『実践的自然哲学――忘れられた夢の記憶』(Praktische Naturphilosophie—Erinnerung an einen vergessenen Traum, München, Beck, 1997)，『認識の木から生命の木へ――科学と経済における自然の全体的思惟』(Vom Baum der Erkenntnis zum Baum des Lebens—Ganzheitliches Denken der Natur in Wissenschaft und Wirtschaft, mit Gerhard Scherhorn u. a., München, Beck, 1997)．

訳者略歴

山内廣隆〈やまうち・ひろたか〉 広島大学大学院文学研究科教授（応用倫理・哲学講座）．文学博士．1949年鹿児島市生まれ．広島大学大学院文学研究科博士課程後期単位取得退学（西洋近世哲学専攻）．比治山女子短期大学，比治山大学助教授，1996年広島大学助教授を経て，現職．その間ミュンスター大学客員研究員（1998-1999年）．著書『環境の倫理学――「現代社会の倫理を考える」11』（丸善，2003年），『ヘーゲル哲学体系への胎動――フィヒテからヘーゲルへ』（ナカニシヤ出版，2003年）．共著書『人間論の可能性』（昭和堂，1994年），『知のアンソロジー――ドイツ的知の位相』（ナカニシヤ出版，1996年）．編著書『人間論の21世紀的課題――応用倫理学の試練』（ナカニシヤ出版，1997年），『知の21世紀的課題――倫理的な視点からの知の組み換え』（ナカニシヤ出版，2001年）．翻訳書 ルートヴィヒ・ジープ『ヘーゲルのフィヒテ批判と1804年の「知識学」』（ナカニシヤ出版，2001年），ジープ／バイエルツ／クヴァンテ『ドイツ応用倫理学の現在』（編訳，ナカニシヤ出版，2002年）．

クラウス・マイヤー＝アービッヒ
自然との和解への道 上
山内廣隆訳

2005年5月31日　印刷
2005年6月10日　発行

発行所 株式会社 みすず書房
〒113-0033 東京都文京区本郷5丁目32-21
電話 03-3814-0131(営業) 03-3815-9181(編集)
http://www.msz.co.jp

本文組版 プログレス
本文印刷所 理想社
扉・表紙・カバー印刷所 栗田印刷
製本所 誠製本

ISBN 4-622-08163-6